MÉTHODE PROGRESSIVE

APPLICABLE AU DRESSAGE

DU CHEVAL DE TROUPE

D'OFFICIER ET D'AMATEUR

PAR

M. M.-F. DUTILH

CHEF D'ESCADRONS, ANCIEN ÉCUYER EN CHEF A L'ÉCOLE DE CAVALERIE
Chevalier de la Légion d'honneur et de l'ordre de l'Épée de Suède

NOUVELLE ÉDITION

SE VEND A SAUMUR

RUE D'ORLÉANS, 46

CHEZ L'ÉDITEUR S. MILON FILS, LIBRAIRE
FOURNISSEUR ADJUDICATAIRE DE L'ÉCOLE DE CAVALERIE

MÉTHODE PROGRESSIVE

APPLICABLE AU

DRESSAGE DU CHEVAL DE TROUPE

D'OFFICIER ET D'AMATEUR

MÉTHODE PROGRESSIVE

DRESSAGE DU CHEVAL DE TROUPE

D'OFFICIER ET D'AMATEUR

INSTRUCTION EN BRIDON

L'instruction des jeunes chevaux étant habituellement confiée dans les régiments à des officiers instruits et expérimentés, ayant d'anciens cavaliers sous leurs ordres, nous comptons sur leur intelligence pour suppléer à la brièveté de certains passages plutôt indiqués que développés. Le dressage complet du cheval comprend des observations d'à-propos et d'actualité qui ne peuvent trouver leur place dans un livre, sans s'exposer à des longueurs qui nuisent souvent à la clarté du texte.

Le travail préparatoire en bridon sera divisé en quatre leçons :

1re LEÇON.

La première leçon a pour but de familiariser le cheval avec le harnachement, de le rendre facile au montoir, et enfin de l'habituer à se porter droit devant lui, monté par un cavalier.

2ᵉ LEÇON.

Connaissance de l'effet isolé et combiné des rênes et des jambes. — Marche directe en passant fréquemment du pas au trot et du trot au pas. — Changements de direction successifs, obliques et individuels.

3ᵉ LEÇON.

Travail sur des lignes circulaires et de deux pistes. — A-droites et à-gauches individuels. — Demi-tours sur les hanches. — Départ au trot les chevaux étant de pied ferme. — Arrêts et départs. — Répétition des effets isolés des rênes et des jambes. — Habituer les chevaux au feu.

4ᶜ LEÇON.

Travail individuel. — Marche circulaire au trot. — Départ au galop par l'accélération de l'allure du trot. — Mouvement de deux pistes. — Tête et croupe au mur. — Changements de main. — Voltes et demi-voltes. — Augmentation et ralentissement de l'allure au pas et au trot. — Arrêts progressifs. — Continuer l'exercice du feu avec les chevaux les moins sages. — Saut des obstacles. — Mettre pied à terre et monter à cheval du côté du hors-montoir.

1ʳᵉ LEÇON.

Les chevaux sellés en bridon, seront conduits non montés sur le terrain de manœuvre, ou de préférence dans un manège couvert ou découvert. Le brigadier ou le sous-officier attaché à la remonte les fera placer sur un rang, à quatre mètres d'intervalle. L'instructeur procède d'abord à la désignation des chevaux : il affecte aux plus grands chevaux les plus grands cavaliers, et il réserve pour les chevaux d'ardeur ou impressionnables les cavaliers qui montent le mieux parmi les plus anciens.

Le travail terminé, l'instructeur passe lui-même la revue du harnachement, et, après avoir réuni les cavaliers en cercle autour de lui pour bien leur faire comprendre l'utilité de cette inspection et la marche à suivre, il la fait passer par chaque cavalier isolément. — Cette inspection devra avoir lieu chaque jour de travail.

Les chevaux n'ayant encore supporté que la pression du surfaix d'écurie, les sangles devront être médiocrement serrées ; la croupière, lorsqu'on la touche, ne doit point produire l'effet d'une corde tendue ; quand elle est trop lâche, les crins qui se placent entre la croupière et la queue blessent le cheval et donnent lieu à des défenses souvent dangereuses pour le cavalier.

Le poitrail sera ajusté de manière à trouver son appui au-dessus de la pointe des épaules pour ne pas en gêner les mouvements.

La selle sera bien placée sur le dos du cheval si la partie antérieure des mamelles est éloignée des épaules de la largeur de la main environ ; plus en avant, elle surcharge inutilement l'avant-main, gêne les mouvements des épaules et peut donner lieu aux blessures graves du garrot.

La couverte devra être ployée avec le plus grand soin pour ne pas former de plis ; elle devra être relevée dans le vide formé par l'arcade de devant pour ne pas échauffer le garrot.

Le bridon sera bien placé dans la bouche du cheval lorsque les canons se trouveront à distance d'un centimètre de la commissure des lèvres ; trop haut, il plisse les lèvres, gêne le cheval, le fait battre à la main et quelquefois porter le nez au vent ; trop bas, il peut s'appuyer sur les crochets ou passer en avant d'eux, faire souffrir le cheval et rendre la conduite fort difficile.

La sous-gorge devra être lâche pour ne pas gêner la respiration. Comme il existe beaucoup de courroies dans les selles de troupe, il est bien important de les rouler pour que les bouts pendants ne chatouillent pas le cheval.

LEÇON DU MONTOIR.

La docilité du cheval à se laisser monter facilement par son cavalier, est une des qualités tellement importantes à rechercher, qu'on ne saurait trop s'attacher à bien donner cette leçon. Les circonstances dans lesquelles le cavalier est obligé de descendre de cheval et d'y remonter, surtout en campagne, sont trop connues pour qu'il devienne nécessaire d'en parler ici.

Nous nous contenterons d'indiquer les précautions et la marche à suivre pour donner cette leçon, afin qu'elle ait des résultats durables. Les chevaux une fois désignés et toutes les observations relatives au harnachement étant faites, l'instructeur, en présence de tous les cavaliers réunis, donne lui-même la leçon du montoir à un des chevaux de la reprise.

Il aborde le cheval par la tête, le caresse sur le front et sur les yeux, en promenant doucement la main dans le sens du poil. Il prend la rêne gauche du filet avec la main gauche et se dirige vers l'épaule de ce côté en caressant de la main droite l'encolure. Si le cheval manifeste de la crainte, de l'impatience, ou bien encore s'il recule, l'instructeur revient à la tête, attire le cheval en avant avec une ou deux rênes du bridon, renouvelle les caresses déjà prescrites et cherche à calmer le cheval de la voix, en lui parlant d'un ton doux ou ferme selon le cas. Le calme rétabli, l'instructeur revient de nouveau à l'épaule, caresse le cheval avec soin et se place enfin à la hauteur de l'étrivière gauche. Dans cette position caresser le cheval sur la croupe, élever la main au-dessus de la selle et la laisser retomber sur le siège ; répéter cette opération deux ou trois fois de suite. L'instructeur prend ensuite l'étrivière gauche, l'ajuste à son point, soulève l'étrier et le laisse retomber par son propre poids ; si le cheval se tracasse trop, ne pas craindre de revenir à la tête pour lui inspirer de la confiance et du calme. La soumission une fois obtenue, se remettre de nouveau en face du cheval et renouveler les caresses avec des inflexions douces de la voix, comme récompense de son bon vouloir et de sa docilité.

Continuer la leçon du montoir en plaçant le pied gauche dans l'étrier, mais sans s'enlever, peser sur l'étrier, retirer le pied, caresser le cheval et recommencer plus ou moins souvent en raison du calme, de la défiance ou de l'inquiétude du cheval.

Pour s'enlever sur l'étrier ou pour enfourcher le cheval, l'instructeur recommande aux cavaliers de ne pas appuyer le pied engagé dans l'étrier sur l'avant-bras, mais bien de conserver la verticalité de la jambe en appuyant le genou contre la selle, de manière à loger la pointe du pied sous la sangle.

En plaçant le pied gauche sur l'avant-bras au moment de s'enlever pour enfourcher le cheval, tout le poids du corps du cavalier repose obliquement sur cette partie ; la douleur qui en résulte, si minime qu'elle puisse être, suffit cependant pour que le jeune cheval cherche à s'y soustraire.

Pour enfourcher le cheval, placer les rênes croisées dans la main gauche ; avec cette même main prendre une poignée de crins près du garrot ; placer le pied gauche dans l'étrier, la main droite sur le troussequin ou la palette et s'enlever légèrement, mais franchement ; se pencher aussitôt sur le pommeau pour ne pas laisser tout le poids du corps sur l'épaulē gauche, caresser le cheval de la main droite à la base de l'encolure et sur l'épaule droite, descendre légèrement, caresser et recommencer. Finir enfin par enfourcher le cheval, en ayant soin d'arriver bien légèrement en selle ; mettre pied à terre, passer par-devant le cheval pour l'aborder du côté droit, le flatter de nouveau et répéter la leçon du montoir.

La première fois qu'on donne cette leçon, il est utile, et souvent très prudent, de se servir de deux cavaliers par cheval : l'un d'eux tient le cheval et le caresse, pendant que l'autre l'instruit. Il est bon aussi, la première fois qu'on fait marcher les chevaux, de les faire conduire à la main par les cavaliers à pied le temps nécessaire pour calmer ceux qui pourraient se laisser surprendre, soit par la croupière ou la sangle, soit encore par le poids du cavalier.

Les cavaliers-aides, à l'indication de l'instructeur, abandonnent la rêne du bridon, qu'ils avaient dû prendre pour conduire les chevaux, et se réunissent au centre du manège ou de la carrière.

Si un cheval vient à s'arrêter, et que sa physionomie annonce de la frayeur causée par une partie du harnachement qui peut être mal ajustée, un des cavaliers à pied s'approche du cheval, prend une rêne du bridon, le caresse et le détermine à marcher en le déplaçant d'abord par côté.

A partir de la première leçon, on peut avec des chevaux de troupe, se passer facilement des cavaliers à pied.

Pour les chevaux difficiles, quelle qu'en soit la cause, on doit se servir de la longe à trotter, et exercer le cheval sur le cercle, libre ou monté, jusqu'à ce qu'il annonce assez de confiance et de franchise pour être mis en reprise avec les autres et sans danger pour le cavalier. Dans ce cas, l'instructeur tient la longe et préside à tous les détails de la leçon du montoir.

Tous les chevaux étant montés, faire rompre successivement par la droite ou par la gauche ; un brigadier montant un cheval calme, marche en tête.

Conserver quatre ou cinq mètres de distance d'un cheval à l'autre, la première fois seulement. Faire caresser tous les chevaux en général, et particulièrement ceux qui se tourmentent ou manifestent de la crainte ou de l'inquiétude.

Éviter surtout la brutalité de la part des cavaliers et proscrire le châtiment à la première leçon, parce qu'il arrive le plus souvent que si un cheval se tracasse, s'arrête ou ne veut pas suivre les autres, c'est qu'il est surpris par le harnachement ou effrayé des mouvements du cavalier qui monte pour la première fois sur son dos.

L'instructeur qui laisserait châtier un cheval dans une pareille situation, commettrait une grande erreur. Les défenses les plus énergiques et quelquefois des accidents fort graves sont souvent la conséquence de semblable maladresse.

Après cinq ou six tours de manège à main droite, l'instructeur fait changer de main successivement et marcher à main gauche le même temps; — Se remettre à main droite.

La marche s'exécutant avec calme au pas, la répéter au trot aux deux mains. — Prendre le pas pour changer de main.

Recommander au cavalier d'avoir les rênes parfaitement égales pour éviter tout pli d'encolure, et de les tenir moelleusement tendues pour fixer les têtes.

Éviter avec soin de mettre les chevaux en sueur. — Marcher au pas le temps nécessaire pour bien les calmer et répéter la leçon du montoir avant de les renvoyer.

En commençant cette leçon comme en la terminant, un cavalier à pied, muni d'une vanette d'avoine, en distribue à chaque cheval successivement.

2ᵉ LEÇON

Conduire les chevaux au manège et faire monter à cheval sans rien omettre des prescriptions déjà indiquées. Diviser les cavaliers en deux reprises, s'ils sont trop nombreux pour qu'on puisse les placer tous sur un des grands côtés du manège. — Marcher au trot aux deux mains pour calmer les chevaux ; marcher à main droite au pas et recommander repos.

Connaissance de l'effet isolé et combiné des jambes. — Rotation des hanches autour des épaules. — Demi-tour sur l'avant-main ou demi-pirouette renversée.

Ce travail des aides inférieures comprendra cinq séries bien distinctes qu'on devra entrecouper de marches au pas et au trot, pour ne pas fatiguer la mémoire du cheval.

1re Série. — Arrêt, demi-tour en deux temps, arrêt et départ.

2e Série. — Arrêt, demi-tour non décomposé, arrêt et départ.

Ces deux premières séries ont pour but d'apprendre au cheval à obéir à l'action isolée de la jambe gauche et de la jambe droite.

3e Série. — Arrêt, demi-tour non décomposé, porter en avant aussitôt.

4e Série. — Le cheval étant en marche au pas, demi-tour non décomposé, arrêt et départ.

5e Série. — Le cheval étant en marche, demi-tour non décomposé, porter en avant aussitôt.

Les trois dernières séries ont pour but d'habituer le cheval à l'action simultanée des jambes.

Pour le premier jour, l'instructeur devra se contenter des deux premières séries ; le lendemain et les jours suivants, il ajoutera une nouvelle série à son travail. A partir du cinquième jour, les chevaux seront exercés à les exécuter sans suivre l'ordre indiqué.

1er JOUR DE TRAVAIL.

1re ET 2e SÉRIES.

Les cavaliers marchant à main droite et les deux reprises étant déployées sur les grands côtés, faire arrêter et caresser : placer la cravache dans la main gauche (la mèche en bas).

Pour ranger les hanches avec la jambe gauche, se servir de cette jambe un peu en arrière des sangles, non pas par une pression continue ou plus ou moins forte, mais par une succession de petits coups de mollet qui auront pour résultat de déterminer le cheval comme s'il était poussé à déplacer son arrière-main à droite.

Si, comme cela arrive souvent, la première fois que l'on donne cette leçon, l'arrière-main reste immobile, ouvrir la rêne gauche pour opposer l'épaule à la hanche et donner en même temps deux ou trois petits coups de cravache en arrière de la botte.

Les trois actions associées de la jambe, de la rêne et de la cravache, ont pour but de placer les chevaux la tête au mur. Ce résultat obtenu, caresser aussitôt.

Répéter les mêmes actions pour compléter le demi-tour sur l'avant-main et caresser de nouveau. Se porter en avant à main gauche et arrêter lorsque les deux reprises, après avoir changé de côté, se trouvent à la même hauteur.

Ranger les hanches avec la jambe droite en se conformant à ce qui vient d'être dit pour la jambe gauche. Se porter en avant à main droite. — Commander repos.

Marcher au trot; après deux ou trois tours de manège prendre le pas et changer de main; répéter les mêmes mouvements de hanche indiqués plus haut, en commençant par la jambe droite. Marcher au trot; après deux ou trois tours de manège prendre le pas, changer de main, commander repos.

2e Série.

La deuxième série ne diffère de la première que dans l'exécution du demi-tour que l'instructeur ne fait point décomposer en arrêtant les chevaux la tête au mur.

Le départ au trot, le changement d'allure, et le changement de main doivent s'exécuter dans le même ordre, et en suivant la progression indiquée dans la série précédente.

Si, malgré les précautions que nous venons d'indiquer pour ces mouvements de hanche, un cheval résiste en opposant la force d'inertie, l'instructeur devra mettre pied à terre, prendre la rêne gauche du bridon par exemple, attirer la tête à gauche et chasser la hanche à droite, en frappant le cheval de deux ou trois petits coups énergiques de la cravache, en arrière de la botte du cavalier ; le cheval ayant obéi, le caresser aussitôt ; ranger les hanches à gauche par le même procédé.

Jusqu'à parfaite obéissance, l'instructeur donne cette leçon particulière au commencement du travail et avant de mettre pied à terre.

2ᵉ JOUR DE TRAVAIL.

3ᵉ SÉRIE.

Le second jour, ajouter au travail précédent la troisième série des mouvements de rotation des hanches.

Les cavaliers marchant à la main droite, arrêter les reprises sur les grands côtés et à la même hauteur ; caresser les chevaux.

A l'indication de l'instructeur, les cavaliers rangent les hanches avec la jambe gauche ; au moment où la hanche commence son mouvement de rotation, le cavalier baisse légèrement les poignets, glisse la jambe droite en arrière et augmente progressivement son action à mesure que les hanches arrivent vers la piste pour que les mouvements en avant succèdent sans retard au mouvement de rotation. Caresser aussitôt.

Arrêter sur la piste opposée et exécuter le mouvement inverse.

Départ au trot, changement d'allure et changement de main tels qu'ils sont indiqués précédemment.

3ᵉ JOUR.

Tout le travail précédent; plus la quatrième série des mouvements de hanches.

4ᵉ SÉRIE.

Les chevaux en marche, à l'indication : Ranger les hanches, les cavaliers agissent simultanément des poignets pour arrêter le mouvement en avant, et de la jambe gauche pour produire la rotation des hanches autour des épaules. Le demi-tour exécuté, arrêter le cheval bien droit et caresser. — Se porter en avant. — Mouvement inverse sur la piste opposée. — Le mouvement de rotation des hanches doit succéder sans temps d'arrêt au mouvement en avant.

Départ au trot. — Changement d'allure et changement de main comme dans les reprises précédentes. -

4ᵉ JOUR.

Le travail précédent, plus la cinquième série des mouvements des hanches.

5ᵉ SÉRIE.

La cinquième série s'exécute comme les précédentes, avec la différence qu'on doit porter le cheval en avant aussitôt après le demi-tour, au lieu de marquer un temps d'arrêt.

Départ au trot. — Changement d'allure et changement de main comme dans les reprises précédentes.

Prévenir les cavaliers que les mouvements sur place ont le grand inconvénient de rendre les chevaux froids aux jambes. Il est urgent pour combattre ce défaut qui conduit tout droit à la rétivité, de porter les chevaux devant eux au trot après chacun des mouvements de rotation, en les sollicitant par des vibrations plus ou moins énergiques des jambes ; ces petits coups de mollet en arrière des sangles sont employés même pendant l'allure au trot. Dans ce cas, les cavaliers doivent favoriser l'augmentation de l'allure en baissant un peu les poignets et conserver toujours les rênes légèrement tendues pour soutenir l'avant-main.

Lorsque les chevaux répondent sans hésiter à l'action isolée et combinée des aides inférieures, on doit leur apprendre à répondre de la même manière à l'action des aides supérieures.

Les aides supérieures dirigent le cheval, le ralentissent, l'arrêtent, produisent le reculer et donnent lieu à tous les changements de direction. Leur action, dans tous les mouvements possibles, est toujours associée à celle des aides inférieures qui produisent le mouvement. Le rapport incessant qui doit exister entre ces deux forces, agissant en sens inverse, les jambes d'arrière en avant et les mains d'avant en arrière, est ce qu'on appelle l'accord des aides.

A partir du jour où les chevaux exécutent régulièrement le travail précédent, sans suivre l'ordre indiqué dans la progression des mouvements des hanches, l'instructeur termine chacune de ses séances par les mouvements de la tête à droite et à gauche, les chevaux étant en marche.

Fléchir la tête à droite et à gauche sur le haut de l'encolure, sans influer en rien sur la position de cette dernière qui ne doit point quitter le plan médian du corps, tel est le résultat à obtenir.

2

Pour amener la tête à droite, le cavalier tire moelleusement et lentement sur la rêne droite, soutient de la rêne gauche pour modérer le déplacement de la tête et pour empêcher le plus possible l'encolure de se ployer ; la tête seule doit être déplacée à droite. Le mouvement sera bien fait si cette dernière, plutôt haute que basse, reste verticale, si la mâchoire est mobile et si le déplacement à droite ou à gauche de la tête ne dépasse point le plan qui, parallèle à l'axe du cheval, passerait par la pointe de l'épaule.

Ces mouvements de tête s'exécutant aux deux mains régulièrement, au pas et au trot, on doit alors commencer les changements de direction obliques, successifs et individuels qui sont un acheminement aux mouvements de la 3e leçon.

L'instructeur rappelle au besoin le mécanisme des aides dans les changements de direction.

Tout changement de direction nécessite l'ouverture franche de la rêne du côté du mouvement, l'appui sur l'encolure de la rêne opposée et l'action plus marquée de la jambe du dehors.

CHANGEMENT DE DIRECTION SUCCESSIF

OU CHANGEMENT DE MAIN.

Après le passage du second coin, le conducteur exécute un demi à-droite et se dirige à six pas en avant du premier coin sur la piste opposée ; chaque cavalier successivement exécute le même mouvement. — Même travail aux deux mains au pas et au trot.

CHANGEMENT DE DIRECTION OBLIQUE

ET INDIVIDUEL.

Les deux reprises étant déployées sur les grands côtés, l'instructeur indique le changement de main individuel. — A son commandement, chaque cavalier exécute un quart d'à-droite, se porte droit devant lui et redresse son cheval par un quart d'à-gauche en rentrant sur la piste opposée. — Exécuter ce mouvement aux deux mains au pas et au trot.

CHANGEMENT DE DIRECTION INDIVIDUEL.

A l'indication : Individuellement doublez, chaque cavalier exécute un à-droite et se porte droit devant lui, traverse le manège dans sa largeur et rentre sur la piste en exécutant un nouvel à-droite. Il est de principe, dans le travail de manège, qu'on ne change pas de main, après un à-droite ou un à-gauche, que sur l'indication de l'instructeur. Même mouvement aux deux mains, au pas et au trot. Insister beaucoup sur ce travail et l'entrecouper fréquemment de changements de main.

TRAVAIL EXTÉRIEUR

Faisant suite aux deux premières leçons en bridon.

Le travail extérieur ou entraînement progressif développe les qualités physiques et les fonctions de la respiration. — La force et le fond, tel est le résultat produit.

Le travail extérieur sera divisé en quatre huitaines.

Les soins hygiéniques à donner aux chevaux à la rentrée des promenades, ne peuvent guère se borner pour le cheval de troupe qu'à un bouchonnage général exécuté avec le plus grand soin. Quand au cheval d'amateur, pour éviter des engorgements qui suivent quelquefois ces premières épreuves et développer dans la partie inférieure des membres une circulation favorable à la tonicité de ces parties, nous conseillerons les précautions suivantes : — Laver à grande eau à partir du genou et du jarret, essuyer à l'éponge sèche. Frictionner et masser avec une époussette en toile et terminer par une légère friction à l'eau-de-vie camphrée, suivie de l'application des flanelles.

PREMIÈRE HUITAINE.

Promenade au pas ; quatre lieues au moins à parcourir, deux pour aller et deux pour revenir. Se tenir sur les bas côtés des routes et faire observer une distance de cinq mètres.

Marcher par un ; placer un vieux cheval en tête comme conducteur, donner beaucoup de liberté aux chevaux et activer souvent l'allure. Faire une halte de quelques minutes avant le demi-tour. Mettre pied à terre, caresser beaucoup. Visiter les pieds et le harnachement ; répéter la leçon du montoir, monter à cheval et rentrer dans le même ordre.

Pendant les quatre derniers jours de cette semaine, l'instructeur fera exécuter deux temps de trot par promenade, un en allant et l'autre en revenant. L'allure ne devra pas être prolongée au delà de sept à huit minutes chaque fois. Le trot ne devra être ni allongé ni raccourci : la vitesse du trot de route ou trot soutenu est celle qui convient le mieux.

2ᶜ HUITAINE.

Pendant cette semaine, les promenades se feront de la manière suivante : Cinq minutes de trot et dix minutes de pas. Ne pas oublier de mettre pied à terre au moment du demi-tour, pour visiter les pieds, pour replacer les couvertes et ressangler les chevaux s'il en est besoin. Insister beaucoup sur la leçon du montoir.

Pendant les quatre derniers jours de cette semaine, les promenades se feront moitié au trot, moitié au pas (cinq minutes pour chaque allure). A ce même travail on devra associer les augmentations et les ralentissements d'allure au pas et au trot. L'augmentation de l'allure du trot ne devra pas être exagérée ; pour peu qu'elle soit sensible, c'est tout ce qu'il faut. En agissant autrement, on s'éloigne complètement du but de cet entraînement progressif qui, en développant le système musculaire et les facultés respiratoires, conserve le cheval dans ses aplombs naturels et le met à l'abri de l'usure.

L'attitude du cheval pendant ce travail, est le meilleur renseignement sur lequel l'instructeur puisse se guider pour continuer cet exercice ou pour le faire cesser momentanément.

Il sera bien fait toutes les fois que le cheval, dans les augmentations ou rallentissements d'allure, ou en passant d'une allure à une autre, conservera l'encolure et la tête bien placées, cette dernière plutôt haute que basse et à peu près verticale.

On doit suspendre ce travail momentanément pour tous les chevaux qui battent à la main ou qui forgent en marchant.

Pour les chevaux qui bourrent ou qui deviennent lourds à la main, on doit, pendant la durée de la leçon, déplacer fréquemment la tête à droite et à gauche, de manière à priver le cheval d'un appui qui, tout en rendant la conduite difficile, porte le poids de la masse sur les membres antérieurs, et en fausse les aplombs.

3ᵉ HUITAINE.

Un jour sur deux, répétition du travail précédent avec addition du départ au galop par l'accélération de l'allure au trot ; cinq minutes de pas et six ou sept minutes de trot et de galop : les jours opposés, promenade au pas et au petit trot (cinq minutes pour chaque allure) dans un terrain inégal et pierreux ; prendre toujours le pas dans les montées et les descentes.

Les premiers départs au galop par l'accélération de l'allure du trot ayant pour but d'habituer les chevaux à cette nouvelle allure, on ne devra pas en abuser ni s'attacher à partir plutôt sur un pied que sur l'autre, ni enfin chercher à ralentir ou à cadencer l'allure.

Les promenades sur les terrains inégaux servant à rendre le cheval adroit et à développer ses instincts en le mettant à même d'éviter de sa propre volonté les pierres, monticules, enfoncements ou autres accidents de terrain, on devra lui donner une grande liberté, tout en recommandant au cavalier d'être toujours prêt à le soutenir s'il venait à faire un faux pas ou à buter.

L'adresse, la franchise et la confiance étant les qualités les plus solides du cheval de guerre, il faut chercher avant tout les moyens les plus propres à les développer.

Tout cavalier qui, dans le travail que nous venons d'indiquer, aurait les rênes très courtes, les jambes serrées et collées au corps, et qui chercherait, en outre, en dirigeant son cheval, à lui faire éviter les divers accidents de terrain, s'éloignerait complètement du but proposé.

Comme dans les leçons précédentes, mettre pied à terre à moitié chemin pour visiter le harnachement et éviter par là les blessures du dos et du garrot.

Les pieds devront être visités avec le plus grand soin. Les pierres qui se fixent entre le fer et la sole, quand elles ne font pas subitement boiter le cheval, produisent souvent des meurtrissures qui peuvent engendrer de graves maladies du pied.

4ᵉ HUITAINE.

Pendant toute cette semaine, l'instructeur exercera les cavaliers sur un terrain uni. Faire marcher aux trois allures allongées et ralenties en conservant toujours les chevaux d'aplomb et légers, tel est le but de cette dernière instruction qui doit précéder le travail en bride ; s'attacher à faire galoper les chevaux sur l'un et l'autre pied.

Terminer ce travail en faisant avec soin les changements d'allures ; c'est-à-dire, passer du pas au trot, du trot au galop, du galop au trot, du trot au pas, du pas au galop et du galop au pas. Ce travail terminé, revenir à l'instruction dans l'intérieur et exécuter avec le plus grand soin tout ce qui est prescrit dans les leçons en bridon qui suivent.

A partir de la quatrième huitaine, l'instructeur devra, chaque jour de travail, exercer les cavaliers au travail individuel sur le terrain de manœuvres.

3ᵉ LEÇON.

Revenir avec le plus grand soin sur la leçon du montoir. Marcher à main droite la tête au mur (deux ou trois pas seulement). Redresser et recommencer. Arrêter et repartir. Doublé individuel. Cercle individuel (deux tours). Volte individuelle, la tête au mur (quatre ou cinq pas). Redresser. Rotation des hanches autour des épaules pour changer de main. Même travail à main gauche. Se remettre à main droite et commander le repos.

Rotation des épaules autour des hanches. — Demi-pirouette ordinaire ou demi-tour sur l'arrière-main.

Ce travail comprendra cinq séries :

1ᵉʳ ARRÊT. — Demi-tour en quatre temps. — Arrêt et départ.

2° Arrêt. — Demi-tour en deux temps. — Arrêt et départ.

3° Arrêt. — Demi-tour non décomposé et départ.

4° En marche. — Demi-tour non décomposé et arrêt.

5° En marche. — Demi-tour non décomposé et départ.

Le premier jour de travail, l'instructeur fera exécuter les deux premières séries ; le lendemain et les jours suivants ajouter une nouvelle série. A partir du cinquième jour, les chevaux seront exercés à les exécuter sans suivre l'ordre indiqué.

Toutes les observations de la deuxième leçon, relatives au travail en place, sont applicables à la troisième leçon.

ROTATION DES ÉPAULES

1re SÉRIE.

Les cavaliers marchant à main droite, les arrêter sur la piste des grands côtés.

A l'indication : Demi-pirouette, les cavaliers déterminent leurs chevaux en avant et portent les deux mains à droite, la rêne droite ouverte, la gauche appuyée près du garrot ; glisser en même temps la jambe gauche en arrière pour maintenir les hanches sur la piste, la jambe droite fixée près des sangles, et arrêter les chevaux dans la direction d'un demi à-droite ; caresser aussitôt. Dans la demi-pirouette à droite, c'est la jambe droite postérieure qui sert de pivot, elle ne doit donc pas quitter la piste : c'est l'inverse dans la demi-pirouette à gauche.

Exécuter trois demi-à-droite en employant les mêmes moyens pour compléter le demi-tour sur l'arrière-main : arrêter les chevaux bien droits sur la piste, caresser et se porter en avant.

Même travail sur la grande piste opposée (repos).

Marcher au trot. Doublé individuel et changement de main. Mêmes mouvements à main gauche pour revenir à main droite.

Marcher au pas, La croupe au mur (2 ou 3 pas).

Redresser et arrêter. Départ au trot de pied ferme. Cercle individuel (deux tours au moins).

Marchant au trot, arrêter ; départ au trot de pied ferme.

Marcher au pas. La croupe au mur (3 ou 4 pas), redresser et arrêter.

ROTATION DES ÉPAULES.

2e SÉRIE.

A l'indication de l'instructeur, les cavaliers exécutent un à-droite de pied ferme (comme il est prescrit dans la première série pour les demi à-droites), arrêtent et caressent leurs chevaux.

Même mouvement pour compléter le demi-tour.

Exécuter à main gauche le travail au pas et au trot qui précède, puis deux à-gauche de pied ferme pour revenir à main droite.

Répéter aux deux mains les mouvements de hanches prescrits à la deuxième leçon et les entrecouper de marches au trot. Pour ranger les hanches, se servir de la cravache en arrière de la botte et du côté de la jambe qui agit particulièrement, pour rendre le cheval plus fin à l'action des aides inférieures. Employer la cravache avec plus ou moins d'énergie, selon la nature du cheval, toujours sans brutalité, et éviter les grands mouvements du bras en en faisant usage.

Répéter cette troisième leçon de manière à bien faire connaître au cheval l'action isolée et combinée des aides inférieures. 2e, 3e, 4e jours, etc., la reprise qui précède, en ajoutant une nouvelle série des mouvements de l'avant-main sur le train postérieur.

Terminer la reprise par l'exercice du feu, tel qu'il est indiqué plus bas et renvoyer.

HABITUER LES CHEVAUX AU FEU

Cet exercice aura lieu à la fin du travail et de préférence sur le terrain de manœuvres.

Marcher en cercle, faire doubler les distances et commander repos.

L'instructeur armé d'un pistolet chargé et suivi d'un cavalier à pied porteur d'une vanette pleine d'avoine, se place au centre du cercle. Les cavaliers étant au repos et caressant leurs chevaux, l'instructeur tire son pistolet en l'air. Les cavaliers doublent aussitôt, arrêtent et caressent leurs chevaux.

Le cavalier à pied parcourt le cercle et distribue de l'avoine à chaque cheval, particulièrement aux chevaux impressionnables. Pendant que les chevaux la mangent, l'instructeur tire un second coup de pistolet.

2e Jour. — Exécuter le feu tel qu'il vient d'être indiqué ; rétrécir le cercle et tirer cinq coups de pistolet pendant que les chevaux mangent de l'avoine.

3e Jour. — Quatre hommes à pied, armés de pistolets,

tirent leur arme successivement pendant la distribution de l'avoine ; chaque cavalier tire deux coups de pistolet.

L'instructeur prend le nom des chevaux les plus calmes, et donne l'ordre aux cavaliers qui les montent d'assister au travail du lendemain avec leurs pistolets chargés.

4ᵉ Jour. — Toujours sur le cercle, faire compter par quatre. Disposer les cavaliers de manière que ceux montés sur les chevaux calmes soient des nᵒˢ 1.

Distribuer l'avoine ; commencer le feu successivement par les cavaliers à pied et continuer de la même manière par les cavaliers montés. Ces derniers déchargent leur arme en étendant le bras à droite et en arrière. Répéter ce feu en le faisant exécuter successivement par deux cavaliers à la fois. L'instructeur ne saurait trop faire caresser les chevaux.

5ᵉ Jour. — Faire compter par quatre ; les cavaliers nᵒˢ 1 et 3 seront armés de pistolet. Commencer la distribution de l'avoine et le feu successivement, d'abord par les hommes à pied et sans interruption par les nᵒˢ 1 et 3.

6ᵉ Jour. — Tous les cavaliers seront armés de pistolets. Faire compter par quatre. Les cavaliers à pied commencent le feu successivement, chargent leur arme pour la deuxième fois et tirent tous ensemble à l'indication de l'instructeur. Commencer la distribution de l'avoine et le feu successivement par les cavaliers montés, les nᵒˢ 1 et 3 d'abord, et les nᵒˢ 2 et 4 sans interruption.

7ᵉ Jour. — Tout le travail de la troisième leçon ayant été exécuté avec soin, disperser les cavaliers dans le terrain de manœuvres. L'instructeur est suivi d'un trompette ; à la sonnerie d'un demi-appel, chaque cavalier à volonté tire son arme le bras étendu en arrière à droite. Les pistolets étant chargés de nouveau, à la sonnerie du demi-appel, chaque cavalier à volonté tire son arme, le bras étendu en avant et à droite de la tête de son cheval ; caresser beaucoup.

A la sonnerie du ralliement général, tous les cavaliers prennent le galop et viennent se former en cercle autour de l'instructeur, qui a avec lui un trompette, quatre cavaliers munis de pistolets, d'une caisse roulante et de cymbales.

Faire charger les armes. A la sonnerie du demi-appel le feu commence par les hommes à pied et se continue par les cavaliers montés. Distribuer l'avoine. Pendant le feu, le tambour et les cymbales sont battus d'abord très doucement ; si les chevaux restent calmes, ne pas craindre d'augmenter le bruit ; caresser beaucoup et renvoyer.

Comme dernier exercice et aussi comme épreuve, afin de s'assurer du bon résultat de la progression que nous venons d'indiquer, l'instructeur fera exécuter le travail qui suit :

Placer dix hommes à pied armés de fusils, de pistolets ou de mousquetons au milieu du terrain de manœuvres, à trois mètres l'un de l'autre.

Les cavaliers étant formés sur un rang à cent ou cent cinquante mètres des hommes à pied, faire compter par dix. A l'indication de l'instructeur, les dix premiers cavaliers rompent ensemble et se dirigent au trot sur les cavaliers à pied qui tirent tous à la fois à la distance de dix mètres. Recommander à ces derniers de viser en avant des pieds des chevaux. Le feu exécuté, les cavaliers passent dans les intervalles des hommes à pied et vont se former sur un rang à vingt mètres en arrière d'eux. Chaque fraction de dix exécute successivement le même mouvement et rompt sans commandement dès qu'elle entend la détonation de la fraction qui précède.

Il n'est pas possible de préciser d'une manière absolue la durée d'une leçon ou d'un exercice. Le calme des chevaux, leur docilité et leur manière de faire, sont les seuls renseignements qui autorisent l'instructeur à passer d'une leçon à une autre.

4ᵉ LEÇON

Les cavaliers ayant le sabre, insister sur la leçon du montoir, caresser beaucoup et répéter cette leçon plusieurs fois de suite avant d'enfourcher les chevaux.

Les chevaux étant de pied ferme et montés, l'instructeur fait croiser les rênes dans la main droite et caresser de la main gauche sur la base de l'encolure et sur le flanc gauche du côté du sabre.

Chaque cavalier à volonté prend son sabre par la bélière et le premier anneau, le soulève légèrement, le remet en place et caresse son cheval.

Répéter ce premier exercice en élevant progressivement la poignée du sabre et la laissant retomber pour habituer le cheval à son choc.

Prendre les rênes dans les deux mains, rompre par file à droite et conduire les chevaux dans le terrain de manœuvres.

TRAVAIL INDIVIDUEL

Avant de faire rompre les rangs, l'instructeur recommande aux cavaliers de ne rien exiger de leurs chevaux que des mouvements sur la ligne droite ; en d'autres termes, de ne pas demander les mouvements d'appuyer, de reculer, ni les mouvements en place.

Cette observation, qui paraît insignifiante tout d'abord, est cependant très importante.

Qu'on se donne la peine d'examiner un cavalier abandonné à lui-même sur son cheval. S'il ne le conduit pas au galop allongé, on le voit du moins insister beaucoup sur le mouvement d'appuyer, sur les demi-tours, le reculer, et cela en employant des/moyens dont il ne se rend pas toujours compte.

Pour tout le travail individuel, l'instructeur sera suivi d'un trompette pour indiquer les changements d'allure et les changements de main.

Exécuter des à-droite, des à-gauche, des demi-tours au pas et au trot en changeant fréquemment d'allure.

Ce travail ayant duré pendant une demi-heure, chaque cavalier ira poser son sabre dans un endroit convenu d'avance.

A la sonnerie du ralliement, tous les cavaliers viendront se former en cercle autour de l'instructeur.

Les cavaliers marchant à main droite, faire doubler les distances et donner l'explication du départ au galop par l'accélération de l'allure au trot. Après deux tours de cercle au moins, reprendre le trot et le pas ; commander repos et caresser beaucoup les chevaux.

Répéter deux ou trois fois le départ sur le pied droit, prendre le pas pour changer de main ; même travail sur le pied gauche, changer de main et marcher large ; commander le repos.

SAUT DES OBSTACLES

Cette partie de l'instruction du cheval de guerre, généralement négligée, doit cependant être considérée comme très importante eu égard aux circonstances nombreuses dans lesquelles le cheval de troupe est appelé à faire preuve d'adresse et d'agilité.

Quelles que soient ses qualités de tempérament, sa force de résistance et sa docilité, le cheval de selle n'est réellement complet qu'autant qu'il est franc, sûr et adroit à franchir les obstacles de toute nature qui peuvent se rencontrer en rase campagne.

Le cheval apprend à sauter comme il apprend autre chose.

Si l'on rencontre quelquefois des chevaux sautant bien sans avoir appris, il n'est pas permis de croire qu'une instruction méthodique eût nui à des dispositions aussi exceptionnelles.

Le cheval de troupe ne possède que très rarement un naturel aussi heureux. C'est un animal de routine et de peu d'initiative ; il ne sait plus marcher dès qu'il ne fait plus partie d'un peloton. Cette manière d'être est la conséquence inévitable du travail d'ensemble dont on faisait abus avant l'adoption du travail individuel.

Plus que tout autre le cheval de troupe a besoin d'apprendre à sauter avec méthode et d'être parfaitement confirmé dans son instruction ; c'est alors seulement qu'il rend de bons et durables services et qu'il est l'objet des soins les plus assidus de la part du cavalier qui le monte, et qui sait par avance qu'il peut avoir pleine confiance en lui dans un moment donné.

L'officier chargé de l'instruction des jeunes chevaux devra faire établir, dans le voisinage du terrain de manœuvres, une série d'obstacles ainsi disposés :

 1° Une haie ;
 2° Un fossé ;
 3° Un mur en terre ;
 4° Un double fossé ;
 5° Un mur en pierre ;
 6° Une barrière ;

Comme élévation et comme largeur, les obstacles n'auront pas plus d'un mètre ni moins de soixante-cinq centimètres. Pour l'instruction, la barrière qui devra toujours être fixe, n'aura pas plus de deux tiers de mètre d'élévation.

Il y aura une distance de six mètres entre les deux fossés formant l'obstacle double.

La distance entre les obstacles sera de quarante mètres et leur développement de dix mètres au moins.

Autant que possible les obstacles seront flanqués de murs ou de fossés, de manière à empêcher les chevaux de se dérober par les côtés.

Le service des obstacles sera divisé en trois séries :

1° A la longe, le cheval non monté ;
2° A la longe, le cheval monté ;
3° Sans longe, le cheval monté.

Cet exercice aura lieu chaque jour en terminant le travail de la quatrième leçon ; l'instructeur suivra la progression suivante :

1re SÉRIE

Former les cavaliers en cercle à une certaine distance des obstacles.

Le premier cavalier sort de la reprise et va joindre l'instructeur qui a dû se placer à cinq ou six pas en avant du premier obstacle. Le cavalier met pied à terre ; l'instructeur place le caveçon à la tête du cheval et enroule la longe dans la main gauche pour pouvoir s'en servir avec avantage.

Ceci fait, le cavalier se place à droite et à la hauteur

de la tête du cheval, il tient les rênes du bridon avec la main gauche à quelques centimètres de la bouche, et la chambrière en arrière de lui avec la main droite, la mèche traînant à terre pour ne pas effrayer le cheval. Pendant ce temps, l'instructeur enjambe le premier obstacle ; une fois de l'autre côté, il tend la longe, opère une légère traction, puis une seconde et ainsi de suite, pour déterminer le cheval à se rapprocher de l'obstacle, de manière à le lui bien faire voir.

Si le cheval, surpris de cette manœuvre ou effrayé, refuse d'avancer ou se tracasse, le cavalier resté près de lui le caresse avec soin et le détermine à avancer avec l'aide du bridon, en réglant ses exigences sur les tractions de longe faites par l'instructeur.

Arrivé à un ou deux mètres, le cavalier caresse le cheval, abandonne les rênes du bridon et se retire à reculons vers la droite jusqu'à l'extrémité de l'obstacle, les yeux toujours fixés sur sa monture, la chambrière haute et dirigée vers la croupe ; il attend les indications de l'instructeur pour s'en servir. L'instructeur attire le cheval à lui à l'aide des tractions de longe que nous avons indiquées.

Si le cavalier doit se servir de la chambrière pour décider le cheval à sauter, il le fait sans brusquerie et sans bruit, c'est-à-dire en évitant de la faire claquer. Le cheval ayant passé le premier obstacle, le caresser avec soin, prendre les mêmes précautions pour le conduire sur le second.

Un homme à pied porteur d'une vanette d'avoine en fait manger au cheval après chaque saut.

Pour ne pas perdre de temps, il est bon d'avoir deux longes ; un sous-officier attaché à l'instructeur tient toujours un cheval prêt en face du premier obstacle.

Si les obstacles, au lieu d'être flanqués des deux côtés ne le sont que d'un seul, il est bien entendu que le cavalier doit toujours se placer du côté libre par lequel le cheval pourrait se dérober.

De cette façon, le cheval se trouve en face de l'obstacle, maintenu d'un côté par une limite artificielle et de l'autre par le cavalier ; ce dernier ne se sert de la chambrière qu'autant que l'instructeur est impuissant à faire passer l'obstacle à l'aide de la longe.

Lorsque le premier cheval a reçu cette leçon sur les trois premiers obstacles, l'instructeur le fait monter par son cavalier, qui va reprendre sa place dans sa reprise formée en cercle.

Mettre pied à terre et renvoyer dès que tous les chevaux ont reçu successivement cette leçon.

2ᵉ Jour. — La même leçon sur les trois derniers obstacles ; mêmes précautions et mêmes soins.

3ᵉ Jour. — Faire passer tous les obstacles ; ne pas oublier de donner de l'avoine après chaque leçon.

Lorsque les chevaux arriveront franchement sur les obstacles à la simple indication d'une légère traction de longe, et que le cavalier ne sera plus indispensable pour les faire obéir, l'instructeur pourra alors commencer la deuxième série.

2ᵉ SÉRIE

Le cheval ayant appris à sauter non monté, on devra lui faire répéter le même exercice avec un poids léger d'abord.

Dans ce but, l'instructeur choisira le cavalier le plus léger parmi ceux attachés au dressage ; il s'en servira pendant tout le temps que durera l'exercice de cette deuxième série.

Se conformer exactement à la progression et aux prescriptions indiquées dans la première série.

Ce travail ayant pour but d'habituer le cheval à s'enlever et à se recevoir de l'autre côté de l'obstacle avec un certain poids sur son dos, il est urgent que le cavalier ait assez de liant et de fixité pour ne pas se pendre aux rênes au moment où le cheval s'enlève, et qu'il ne le saccade pas en arrivant à terre.

S'il devait en être ainsi, mieux vaudrait pour ne pas dégoûter le cheval à tout jamais, faire prendre le pommeau d'une main et croiser les rênes dans la main opposée.

3ᵉ SÉRIE

Marcher par un à vingt mètres de distance, et placer en tête un cheval dressé et habitué à sauter.

Prendre le galop et diriger la tête de la colonne sur les obstacles ; un sous-officier à pied muni de la chambrière, se place à hauteur du premier obstacle.

L'instructeur et le sous-instructeur donnent les conseils qu'ils croient nécessaires aux cavaliers qui passent devant eux ; l'un et l'autre se servent de la chambrière, dans un cas d'hésitation. Cette première épreuve devra se faire sur les trois premiers obstacles seulement, la deuxième sur les trois derniers, et la troisième sur les six obstacles sans interruption.

La première épreuve terminée, l'instructeur classera ses chevaux de la manière suivante :

1° Ceux qui sautent franchement ;
2° Ceux qui sautent mal ;
3° Ceux qui refusent.

Les chevaux sautant franchement subiront les trois épreuves telles qu'elles sont indiquées plus haut.

La manière de faire de ceux qui sautent mal peut être

envisagée sous deux points de vue bien différents : les uns sautent trop lentement, les autres trop vite.

Dans le premier cas il y a de l'hésitation, le cheval arrive trop près, s'enlève beaucoup du devant, et comme il n'a pas l'impulsion nécessaire, il arrive de l'autre côté sur les quatre pieds à la fois, le train postérieur touche souvent l'obstacle.

Les articulations inférieures, recevant tout le poids du corps comme s'il était lancé du haut en bas, sont violemment tiraillées ; on dit alors que le cheval saute sur le rein ; les tares les plus graves peuvent en résulter et mettre le cheval hors de service.

Ces chevaux, généralement paresseux, doivent être menés vigoureusement sur les obstacles et à une allure très décidée. On devra les faire monter au besoin par un cavalier léger, adroit et énergique, et se contenter de leur faire passer un ou deux obstacles par jour, jusqu'à ce qu'ils aient assez de confiance, d'adresse et de force pour les passer tous sans interruption.

Le cheval qui arrive trop vite sur les obstacles s'enlève généralement peu ; il est très dangereux sur ceux qui sont fixes, tels que murs ou barrières. Il faut dans ce cas, arriver au pas sur l'obstacle, caresser beaucoup, arrêter au besoin, et à 5 ou 6 mètres seulement donner au cheval la liberté nécessaire pour prendre son élan et calculer son saut. Prendre le pas aussitôt après, caresser de nouveau et recommencer avec les mêmes soins.

Si, malgré les précautions que nous venons d'indiquer, le cheval continuait à bourrer à la main, il faudrait reprendre le travail de la première série et donner un peu plus d'élévation aux obstacles afin de rendre le cheval un peu plus circonspect. Se servir alors de la barrière fixe à un mètre d'élévation et du mur en pierre.

Au bout de quelques jours, essayer de nouveau le cheval à la longe et monté. Si le défaut persiste, suspendre cet exercice momentanément et attendre que le cheval connaisse la bride pour le recommencer. Les moyens de conduire en bridon ne sont pas toujours suffisants pour régler le train de certains chevaux exceptionnellement énergiques et puissants.

Les raisons qui font qu'un cheval refuse de sauter sont extrêmement nombreuses et souvent fort difficiles à apprécier. Tel cheval, très bien fait d'ailleurs, refuse l'obstacle; tel autre, d'une conformation ingrate et de chétive apparence, saute dans la perfection.

Le caractère du cheval, son état de santé, sa vue, la nature de ses pieds, la manière dont il est sellé ou embouché, l'inexpérience, l'hésitation ou la brutalité des cavaliers employés au dressage; la nature, la position et le degré d'élévation ou de largeur des obstacles, telles sont, en général, les causes variées qui peuvent donner lieu à la défense.

C'est à l'instructeur de bien observer et de baser ses exigences en s'appuyant sur une cause connue.

Agir autrement, c'est s'en rapporter complètement au hasard et courir le risque de ruiner le cheval avant de l'avoir dressé.

Pendant le travail en bride qui va suivre, les chevaux seront exercés à sauter des obstacles naturels. L'instructeur fera tous les huit jours une promenade extérieure dans un terrain suffisamment accidenté et reconnu d'avance.

Les moyens que les cavaliers devront employer pour conduire leurs chevaux sur les obstacles devront être indiqués de nouveau par l'instructeur. Il s'appliquera surtout à leur faire comprendre qu'on ne doit jamais faire sauter un jeune cheval avec la bride seule, mais

bien avec le filet, ou sur les quatre rênes, s'il est suscep-
tible de se dérober ou de bourrer sur l'obstacle.

Nota. — La longueur du travail de l'*entraînement pro-
gressif* qui précède, en ayant égard au temps habituelle-
ment consacré dans les régiments au dressage propre-
ment dit des jeunes chevaux, pourrait donner lieu à une
objection à laquelle nous répondrons : Que ce travail est
destiné, dans notre méthode, à remplacer les prome-
nades qui, dans les corps, suivent l'arrivée des chevaux
de remonte, et dont on prolonge outre mesure la durée
à notre avis. Un certain laps de temps est certes néces-
saire pour acclimater les chevaux et éviter les suites de
la transition trop brusque d'un régime alimentaire à
un autre, mais c'est là tout. Le cheval normand qui
nous arrive à l'âge de quatre ans, et qui, pour la plupart
du temps, a déjà rapporté par un travail modéré à l'éle-
veur le prix de sa nourriture, a certainement la force
nécessaire pour supporter, à l'aide d'un régime tonique
et fortifiant, le travail gymnastique dont nous avons
parlé.

Outre l'exemple que nous avons des chevaux de
course entraînés dès l'âge de deux ans et deux ans et
demi, n'avons-nous pas maintes fois remarqué de jeunes
chevaux venant dans les corps vers le moment d'un
changement de garnison, faire une longue route et
arriver à une nouvelle destination sains, vigoureux et
déjà à demi-dressés ?

Que si l'on nous objecte encore la concordance de notre
travail avec l'époque critique du jetage des gourmes,
nous répondrons que le régime et le travail que nous
prescrivons ne peuvent en aucune manière en rendre les
suites plus fâcheuses, que les chevaux de courses en
sont un flagrant exemple, et qu'enfin il est laissé à la
sagacité de l'instructeur de restreindre ou de supprimer
même provisoirement ces épreuves pour les chevaux

malingres ou souffreteux, mais ce sera là une bien faible
minorité si l'on veut bien employer notre progression
avec la sage lenteur que nous nous sommes appliqué à y
maintenir.

TRAVAIL EN BRIDE

Nous ne reviendrons pas sur toutes les précautions à
prendre pour emboucher les chevaux ; il reste bien con-
venu qu'elles sont basées sur la conformation, le tempé-
rament, le degré de sang ou le caractère irritable ou
tranquille des chevaux en général.

Les chevaux qui nous occupent ayant tous, ou à peu
près, la même provenance ou une origine commune, par
conséquent le même degré de sang et le même caractère,
on peut dire que l'embouchure des chevaux do troupe
peut être uniforme sans inconvénient. Les rares excep-
tions sont indiquées par certaines conformations vicieuses
et en particulier par la manière d'être de la tête et de
l'encolure. Ces idées générales bien comprises, nous nous
occuperons d'une dernière considération, à laquelle tout
bon instructeur doit s'attacher par-dessus tout, nous
voulons parler de la manière de bien placer le mors dans
la bouche du cheval et de fixer la gourmette.

Cette précaution est indispensable pour rendre la
transition du bridon à la bride moins brusque ; elle est
surtout commandée par la différence d'actions produites
par ces deux embouchures. Le bridon, qui est un mors
articulé, agit en partie sur la commissure des lèvres et
sur leurs parties charnues ; ses actions sont rendues
douces par les parties molles et élastiques sur lesquelles
s'exerce son effet ; aussi, le cheval les accepte-t-il fran-
chement, le mors de bride produit une impression désa-

gréable et pénible à tout cheval nouvellement embouché, son action s'exerce directement sur un os tapissé par la membrane buccale; la forme de cet os peut varier, et par suite diminuer ou augmenter d'une manière considérable les effets du mors de bride.

Il en est de même de la gourmette qui agit sur la saillie plus ou moins proéminente du menton, dont la sensibilité peut varier encore en raison de la finesse ou de l'épaisseur de la peau en cet endroit.

Eu égard à toutes ces considérations, et dans le but de faire que le cheval s'aperçoive le moins possible de la transition d'un moyen de conduite inoffensif à une action aussi puissante que celle du mors de bride, nous conseillons d'emboucher les chevaux de la manière suivante : Choisir un mors doux de préférence, c'est-à-dire les canons gros, la liberté de langue peu accusée, et la partie inférieure des branches courtes depuis le canon jusqu'à l'anneau porte-rêne.

Le mors sera placé dans la bouche du cheval de manière à être plus rapproché des premières molaires que des crochets, la gourmette en sera tenue lâche pour favoriser un premier mouvement de bascule. Dès qu'on s'aperçoit que les chevaux se livrent franchement sur le mors, et qu'ils acceptent cette nouvelle embouchure comme ils recevaient précédemment les effets du bridon, on peut, dans le cas où ils deviendraient lourds ou pesants à la main, descendre le mors en le rapprochant des crochets et donner un peu plus de tension à la gourmette. Cette dernière doit toujours être fixée avec beaucoup de soin pour éviter la douleur et la gêne qui résulteraient d'une saillie quelconque d'un ou plusieurs de ses maillons portant de champ au lieu d'être appuyés à plat sur la barbe.

Si cette manière de faire a quelquefois l'inconvénient de donner des bouches un peu senties, nous répondrons qu'il est plus facile d'assouplir une partie qui offre de la raideur que de donner de la fixité à celle qui manque de résistance.

Il n'est pas un homme de cheval qui ne convienne qu'il est préférable d'avoir à retenir un cheval que d'être obligé de le pousser. Le premier, naturellement franc, est toujours disposé à marcher droit devant lui, ses allures sont étendues et faciles. Le deuxième manque de franchise, par cela même que sa tête et son encolure manquent de fixité ; les actions de la main et de la bride sont douteuses et confuses, la conduite difficile, et les allures incertaines, saccadées et ralenties.

Manière de placer les rênes dans les deux mains pour la conduite à quatre rênes et pour les assouplissements.

Comme les assouplissements se font à l'aide de l'action combinée et isolée des quatre rênes, il est important d'indiquer la manière de placer dans la main gauche, -afin que le mécanisme en soit plus facile et pour éviter toute confusion d'action.

Pour faire placer les quatre rênes dans la main gauche, en les supposant abandonnées sur l'encolure du cheval, l'instructeur prescrit aux cavaliers de prendre le filet par le milieu à pleine main avec la main gauche, et d'ajuster alors les rênes de bride dans cette même main sans avoir égard au filet, le second doigt, c'est-à-dire l'annulaire, entre les deux rênes de bride au lieu du petit doigt.

Faire placer la main gauche au-dessus du pommeau de la selle à la position indiquée par l'ordonnance. De cette façon, les quatre rênes sont également tendues dans la main gauche ; le petit doigt sépare les deux rênes gauches et agit particulièrement sur la rêne du filet qui, par rapport à la rêne de bride du même côté, est extérieure et supérieure. De la main droite, prendre la rêne droite du filet avec le petit doigt et l'annulaire réunis par-dessus la rêne de bride, et cette dernière avec le médium et l'indicateur également réunis ; en d'autres termes deux doigts pour chaque rêne, celle du filet en dehors. Conserver cette main les ongles en dessous, le bras demi-tendu.

La conduite avec quatre rênes a l'avantage, en offrant au cheval l'appui du bridon qui lui est connu, de le conduire insensiblement et sans qu'il s'en doute, à l'action plus complexe du mors de bride agissant seul.

L'effet du bridon dans ce cas, est de produire une espèce d'enrênement que le cavalier rend exigeant ou qu'il modère selon la circonstance, et qui, s'opposant sans retard à tous, les déplacements de la tête si communs chez les jeunes chevaux, encadre la tête et l'encolure dans le plan médian du corps.

Cette manière de tenir les rênes a en outre l'immense avantage d'inviter sans cesse le cheval à accepter avec franchise les effets associés du mors de bride et du filet.

Le cheval ainsi enrêné sera exercé au travail des leçons en bridon, le cavalier se servant des quatre rênes comme il se servait des rênes du bridon, c'est-à-dire deux pour l'ouverture et deux pour l'appui.

Lorsque les chevaux exécutent régulièrement les à-droite, les à-gauche, les changements de main successifs et individuels, la marche circulaire au pas et au trot, et qu'ils ne manifestent aucun signe d'impatience provoqué par les effets du mors, l'instructeur fait répéter le même travail avec la bride seule, une rêne dans chaque main comme les rênes du bridon.

Enfin, le cheval ayant appris à tourner dans toutes les directions, au moyen de l'ouverture d'une rêne et de l'appui de la rêne opposée, l'instructeur, pour la troisième

fois, fera répéter les à-droite, les à-gauche, les change-
ments de main et la marche circulaire, le cavalier tenant
les rênes de la bride dans la main gauche; dans un mo-
ment d'hésitation, on reprendrait les rênes de la bride
dans les deux mains, de manière à agir avec elles soit
par ouverture soit par appui.

DES ASSOUPLISSEMENTS.

Les assouplissements ont pour premier but de rendre
la tête légère sur l'encolure, d'habituer cette dernière à
se détendre droit devant elle pour favoriser la locomo-
tion, particulièrement les allures vives, et à revenir sur
elle-même en se rouant supérieurement, pour les mou-
vements cadensés ou raccourcis, pour les ralentissements
ou changements d'allures et pour les arrêts,

Abandonné à lui-même, le cheval se déplace habituel-
lement de quatre manières différentes : en avant, en
arrière, à droite et à gauche. Il en est de même de l'en-
colure et de la tête du cheval ; leurs mouvements dans
les directions que nous venons d'indiquer précèdent tou-
jours ceux de l'ensemble du corps, et leurs diverses atti-
tudes favorisent l'exécution des mouvements dans le sens
commandé.

Nous avons dit que les quatre mouvements naturels de
la tête et de l'encolure se faisaient en avant, en arrière,
à droite et à gauche. Il suffit d'examiner les mouvements
d'un cheval en liberté pour se convaincre de ce résultat;
en effet :

Le premier de ces mouvements a lieu toutes les fois
que le cheval veut accélérer son allure ; il est d'autant
plus marqué que la vitesse est plus grande. Dans ce cas,

l'encolure s'allonge, devient droite, rigide, et à mesure
que la tête s'éloigne du tronc, elle se redresse sur son
axe articulaire dans le sens de l'encolure afin de rendre
la respiration plus facile.

Que le cheval agisse d'après ses propres instincts ou
qu'il soit sollicité par son cavalier, les choses se passent
exactement de la même manière. Cette vérité acquiert
surtout son évidence lorsqu'on examine un cheval lancé
avec toute sa vitesse sur un hippodrome.

Le mouvement rétrograde de l'encolure est utilisé
toutes les fois que le cheval veut ralentir son allure ou
s'arrêter. La tête alors se rapproche plus ou moins de la
position verticale, et à mesure qu'elle revient vers le
tronc, l'encolure se roue et sa partie supérieure s'élève.

Le cheval de manège travaillant aux allures ralenties
ou se maniant aux différents airs relevés des allures
artificielles, ne saurait prendre le tride ni la cadence qui
conviennent à ces mouvements si son encolure ne pou-
vait revenir sur elle-même. Il suffit d'ailleurs pour
trouver une application toute naturelle de cette théorie
de suivre les mouvements d'un cheval en liberté ou
d'un étalon au moment de la monte. Dans l'un et l'autre
cas le cheval se grandit, on dit vulgairement qu'il fait le
beau, ses mouvements gagnent en élévation ce qu'ils
perdent en étendue, et son encolure est rouée en col de
cygne.

Il est tout aussi facile de se rendre compte des mouve-
ments latéraux de la tête : en effet, que fait le cheval en
liberté lorsqu'il veut changer de direction ? Il déplace sa
tête sur le haut de son encolure pour voir et explorer le
terrain qu'il va parcourir.

Par l'étude du squelette, nous voyons que les pièces
articulaires qui unissent la tête à l'encolure sont admi-
rablement disposées pour ce but.

L'occipital, situé à la partie supérieure de la tête, présente postérieurement deux condyles, reçus dans deux cavités appropriées appartenant à la première vertèbre ; cette articulation permet l'extension, la flexion et de très légers mouvements par côtés.

Si nous examinons maintenant l'articulation de la première vertèbre avec la seconde, nous voyons un pivot puissant les réunir et permettre tous les mouvements de rotation : ce qui revient à dire que les mouvements de la tête sur le haut de l'encolure sont dus à l'action associée des deux articulations précitées : la première particulièrement applicable à l'extension et à la flexion, et la seconde aux mouvements latéraux et de rotation.

Nous n'irons pas plus loin dans l'étude des vertèbres en particulier, mais nous terminerons par une réflexion sur la colonne vertébrale considérée dans son ensemble et dans ses fonctions.

Dans son ensemble, la colonne vertébrale représente un long levier sur lequel viennent se rallier directement ou indirectement toutes les pièces osseuses qui supportent le corps et les masses charnues destinées à le mouvoir. La tige vertébrale offre quatre parties à considérer : deux points fixes ou centres de mouvements, et deux parties mobiles destinées aux attitudes diverses du corps, de pied ferme et en mouvement.

Les deux points fixes sont le sacrum et le garrot, et les deux parties mobiles le point de réunion des vertèbres du rein et du dos suffisamment indiqué par la dernière fausse côte, et enfin la partie supérieure de l'encolure, comme nous l'avons déjà dit, destinée à mouvoir la tête sur le tronc.

Si le cheval peut rapprocher ses quatre membres sous le corps ou les éloigner les uns des autres en dépassant de beaucoup en avant ou en arrière la ligne des aplombs et s'il peut, pour porter la tête vers les hanches, ployer son corps presque en cerceau, c'est incontestablement à la disposition de sa colonne vertébrale et à la grande mobilité dont elle jouit vers la dernière fausse côte, que l'on doit attribuer la possibilité des attitudes que nous venons de signaler.

En prenant la dernière vertèbre dorsale comme le point central le plus mobile de la colonne vertébrale depuis le garrot jusqu'au sacrum, qui remplissent ici l'office de deux culées résistantes sur lesquelles s'appuie directement cette tige flexible, nous dirons que la flexibilité de cette région devra être décroissante en sens inverse depuis le point central, et pour ainsi dire nulle dans le voisinage du garrot et du sacrum.

Il est, du reste, facile de se convaindre du volume décroissant des vertèbres dorsales depuis le garrot jusqu'à la dernière fausse côte et de celui des lombaires, depuis le sacrum jusqu'à la dernière vertèbre de cette région.

En appliquant cette théorie à la région cervicale qui a pour destination, par les diverses attitudes qu'on peut lui faire prendre, de répartir l'ensemble du poids du corps tantôt sur l'avant-main et tantôt sur le train postérieur, ou bien encore sur les bipèdes latéraux droits ou gauches, comme préparation à un mouvement ou à une allure commandée, nous arrivons à la conclusion suivante : la tête et les deux premières vertèbres de l'encolure sont les seules parties de la région cervicale que l'on doive assouplir.

Les cinq vertèbres cervicales qui suivent sont articuculées de manière à avoir des mouvements possibles dans tous les sens, mais extrêmement bornés.

Comme dans les régions du dos et du rein, la flexibilité de cette partie sera sensiblement décroissante de la troisième à la dernière vertèbre. S'il en était autrement les deux premières vertèbres n'auraient pas un appui suffisant pour régulariser les mouvements de la tête; le poids de cette dernière, agissant sans cesse sur un levier impuissant à le bien tenir, abaisserait infailliblement tôt ou tard l'encolure qui, trop flexible et trop mobile, serait incapable de réagir sur le train postérieur pour en régler le mouvement.

Il ne faut que monter une seule fois un cheval dont toute l'étendue de l'encolure a été soumise à des assouplissements latéraux, qui amènent la tête jusqu'à la botte du cavalier, pour bien se rendre compte des énormes difficultés qu'il présente dans sa conduite.

Pour nous, l'encolure est un gouvernail qui commande et règle tous les mouvements du cheval; elle est de plus un balancier puissant, puisque, suivant qu'elle se détend, ou qu'elle revient sur elle-même, la quantité de poids qu'elle entraîne vers les épaules ou qu'elle fait refluer vers les hanches, est la cause efficiente de l'augmentation et du ralentissement des allures. C'est en vue de donner à l'encolure cette résistance élastique qui convient à ces deux importantes fonctions, que les assouplissements qui suivent ont été indiqués.

Nous diviserons les assouplissements en quatre séries bien distinctes : la première série comprendra les déplacements latéraux de la tête sur l'encolure et son placé vertical sur le plan médian du corps; la deuxième, l'extension et le redressement de l'encolure sur le tronc; la troisième, les descentes de main latérales à droite et à gauche, et le redressement de la tête en arrière à droite et en arrière à gauche; la quatrième, répétition du travail précédent en insistant sur les assouplissements commandés soit par le défaut d'instruction du cheval, soit par l'ensemble de sa conformation.

MÉCANISME.

1ʳᵉ SÉRIE.

Les quatre rênes étant placées dans la main gauche, prendre la rêne droite du filet avec la main droite à pleine main et éloigner les poignets l'un de l'autre par côté en les faisant glisser sur les rênes. Serrer les doigts et placer les deux mains comme pour la position en bridon à l'école du cavalier. De cette manière, les rênes de bride sont toujours ajustées dans la main gauche, mais les rênes du filet sont plus courtes de quelques centimètres. Cette façon de tenir les rênes sera indiquée au cavalier pour le saut des obstacles, pour résister aux défenses en place d'un cheval rétif, pour combattre l'hésitation si habituelle d'un jeune cheval à la vue d'objets qu'il voit pour la première fois ; elle convient également pour les assouplissements qui suivent.

Flexions de la tête à droite et à gauche.

Pour fléchir la tête à droite, tirer lentement et moelleusement sur la rêne droite dans la direction de l'épaule droite à la hanche gauche ; la rêne gauche régularise et limite le déplacement de la tête, et les deux mains se fixent au moment où il est effectué en attendant la mobilité de la mâchoire.

Le déplacement latéral de la tête ne devra jamais dépasser le plan qui, parallèle à la médiane du corps, passerait par la pointe de l'épaule.

Si la tête se baisse, élever les deux poignets en sciant légèrement du filet ; si le cheval persiste, en plongeant ou bourrant à la main, scier énergiquement d'abord, puis lentement et cela pendant toute la durée de la résistance.

Le cheval, surpris par des actions brusques des mains, lève quelquefois la tête d'une manière désordonnée, on doit alors recommencer et employer plus de moelleux.

Si le bout du nez se déplace seul, et que le haut de la tête reste à gauche, il faut, pour redresser la tête, agir sur la rêne gauche de bas en haut, et en avançant un peu le poignet gauche, de manière à donner à cette rêne une action presque verticale. La tête haute, verticale, et la mâchoire mobile, tel est le résultat à obtenir ; caresser aussitôt et demander le déplacement de la tête à gauche.

Mettre les cavaliers en cercle à droite pour le déplacement de la tête à droite ; faire arrêter et ranger les hanches avec la jambe gauche pour changer de main. Exécuter le même travail à main gauche. Afin de mieux surveiller l'instruction, l'instructeur se place au centre du cercle.

Le placé de la tête sur le plan médian s'obtient à l'aide des deux rênes également tendues et une pression bien égale des deux jambes.

Exécuter ce travail aux deux mains ; demander souvent, ne pas prolonger les exigences et caresser chaque fois que le cheval obéit.

Les premiers assouplissements s'exécutant correctement avec le bridon, les répéter avec les rênes du même côté, également tendues. Exécuter ce travail d'abord sur le cercle, ensuite sur la ligne droite et le continuer sur une ligne de deux pistes aux deux mains.

Même travail avec les rênes de bride seules. Les assouplissements seront demandés d'abord au pas et ensuite au petit trot.

2e SÉRIE.

Extension et flexion de l'encolure sur le plan médian.

Le cavalier tenant les quatre rênes dans la main gauche comme il est prescrit plus haut, agira de manière à étendre l'encolure de toute sa longueur suivant le plan médian du corps.

Ce résultat sera facile à obtenir à l'aide du mécanisme suivant, qui consiste à diviser les appuis sur les quatre rênes ainsi qu'il suit :

1° Action alternative sur la rêne droite du filet avec la main droite, et sur la rêne gauche avec le petit doigt de la main de la bride;

2° Action alternative sur les deux rênes droites et sur les deux rênes gauches;

3° Action directe et simultanée sur la rêne droite du filet avec les deux derniers doigts de la main droite et sur la rêne gauche de bride avec les deux premiers doigts de la même main;

4° Action directe et simultanée sur la rêne droite de bride avec les deux derniers doigts de la main droite et sur la rêne gauche du filet avec les deux premiers doigts de la même.

5° Action directe et simultanée sur les deux rênes du filet, la gauche tenue par les deux premiers doigts et la droite par les deux derniers de la main droite.

Nota. — Cette dernière action se fera en élevant la main droite verticalement au-dessus du pommeau ou en la rapprochant du corps sur un plan horizontal, selon la position basse ou élevée de la tête ou de l'encolure.

6° Action simultanée sur les deux rênes de bride en prenant la position du mouvement préparatoire d'ajuster les rênes d'après l'ordonnance, et promenant la main gauche sur ces deux rênes maintenues d'une manière fixe par la main droite qui les tient au bouton coulant ;

7° Actions simultanées : 1° rêne droite de filet et deux rênes de bride ; 2° rêne gauche de filet et deux rênes de bride ; 3° rêne droite de bride et deux rênes de filet ; 4° rêne gauche de bride et deux rênes de filet.

Dans les mouvements qui précèdent, le rôle assez complexe de la main droite demande de l'adresse et du tact, et peut se comparer, pour ainsi dire, au doigté d'une main se promenant sur les cordes ou le clavier d'un instrument.

Cette alternative d'actions entrecroisées décide bientôt le cheval à céder de la mâchoire, à allonger la tête et progressivement l'encolure pour retrouver le contact du mors auquel il est habitué. Le cavalier suit le mouvement de la tête et de l'encolure en portant les mains en avant et en continuant toujours le même mécanisme des rênes, afin de ne pas laisser la mâchoire se raidir. Il est important de signaler au cavalier la faute grave que l'on commet en rendant subitement de la main au premier signe d'obéissance pour engager le cheval à céder. Abandonné à lui-même, le cheval baisse la tête brusquement ou la déplace par côté, et finit bientôt par battre à la main. Il faut suivre le mouvement de la tête en conservant toujours les rênes plus ou moins tendues, pour ne pas laisser le cheval dans le vide ; se contenter de peu les premières fois et caresser pour recommencer de nouveau.

L'extension de l'encolure sera suffisante et bien exécutée toutes les fois que, sans augmenter ni ralentir l'allure, le cheval rapprochera le bout du nez de terre en avant, à la hauteur des genoux environ, et que la mâchoire sera mobile.

Ce premier résultat obtenu, élever les mains par degrés et lentement pour ramener la tête et l'encolure à la position normale.

Exécuter ces moùvements aux deux mains au pas et au trot sur la ligne droite, la ligne courbe et de deux pistes.

Ces deux mouvements ont pour but de donner du liant à l'encolure, de l'habituer à se détendre pour favoriser la locomotion et à revenir sur elle-même pour ralentir, arrêter ou grandir les mouvements du cheval.

Ne pas craindre de les employer fréquemment avec les chevaux trop hauts du devant et à l'encolure haute et renversée, surtout si le train postérieur, qui est généralement écrasé, est taré ou prédisposé aux tares.

En être très sobre avec les chevaux hauts du derrière qui ont généralement le jarret droit, surtout si le garrot est bas et noyé, les épaules droites et sans mouvements, l'encolure courte, grêle, et la tête forte. Avec les chevaux d'une conformation régulière, s'arrêter à point est le côté difficile de cette instruction comme de tous les assouplissements en général. Il est préférable de rester en arrière du résultat que de le dépasser ; l'abus des assouplissements ayant l'inconvénient de mettre le cheval en arrière de la main et souvent de l'encapuchonner.

Les assouplissements seront généralement demandés en mouvement ; on ne saurait trop recommander aux cavaliers d'associer l'action des jambes aux effets des rênes pour neutraliser l'action rétrograde de ces dernières et entretenir le cheval dans son allure.

La descente de main peut encore s'obtenir de la manière suivante : prendre les deux rênes du filet également tendues avec la main droite, les ongles en dessous et agir sur ces deux rênes en élevant verticalement la main au-dessus de l'encolure. La tête s'étant élevée à un degré convenable, baisser lentement la main droite et agir horizontalement d'avant en arrière avec la main de la bride comme dans le travail précédent, suivre le mouvement de l'encolure en conservant les rênes légèrement tendues.

Pour redresser la tête et relever l'encolure, les deux mains agissent l'une après l'autre, lentement et de bas en haut.

3e SÉRIE

Descentes de main latérales et redressement de la tête
en arrière à droite et en arrière à gauche.

Les descentes de main et le redressement de l'encolure sur le plan médian ayant pour but, en amenant le poids tantôt sur l'avant-main et tantôt sur le train postérieur, de favoriser puissamment les augmentations, ralentissements ou changements d'allure, les arrêts et le reculer, on ne saurait trop s'attacher à leur parfaite exécution avant de commencer les descentes de main latérales.

Les descentes de main latérales ont pour but d'habituer l'encolure à se détendre dans le sens des bipèdes diagonaux pour faciliter le galop sur tel ou tel pied. Avec les chevaux dont le galop est trop élevé du devant, il est important d'obtenir ces déplacements d'encolure pour dégager le train postérieur qui est souvent écrasé.

Dans le cas où un cheval galopant à droite éprouve de la gêne à entretenir son allure, que le galop est pénible, saccadé et très près de terre du train postérieur, les hanches sont écrasées ; les descentes de main latérales sont indispensables pour donner l'élévation qui convient à l'arrière-main pour harmoniser le mouvement.

L'excédent de poids amené vers les hanches oblige le cheval à un trop grand emploi de force, d'abord pour soulever la masse et ensuite pour la projeter en avant. Que cette attitude soit le résultat d'une conformation particulière au cheval, ou qu'elle naisse de l'intelligence dans l'emploi des aides, les résultats sont les mêmes : force employée en pure perte, ralentissement de l'allure et comme dernière conséquence de cette position, cause déterminante d'usure dans les membres postérieurs.

Si ce vice de position n'est que la conséquence de la maladresse du cavalier, qui, avec une main trop haute, agit avec force ou avec raideur, on peut presque instantanément retrouver l'harmonie de l'allure en recommandant au cavalier d'avoir la main souple, de la rapprocher du pommeau, d'allonger sensiblement les rênes et de continuer toujours la même action des jambes. Mais lorsque ce vice de position tient à la conformation du cheval, qui est beaucoup trop élevée du devant par rapport au derrière et dont l'encolure est haute et renversée, il est indispensable de se servir de l'encolure comme d'un balancier pour soulager les hanches : tel est le but de ces descentes de main.

MÉCANISME

Pour obtenir la descente de main latérale à droite par exemple, le cavalier tenant les quatre rênes comme il a été prescrit, place son cheval à droite et provoque la mobilité de la mâchoire en divisant les appuis sur l'embouchure. Dès que l'encolure se détend, le cavalier suit le mouvement de la tête en maintenant la rêne droite légèrement tendue pour que le déplacement ait lieu dans la direction du plan diagonal qui passerait par la hanche gauche et l'épaule droite.

Les premières fois qu'on demande cette descente de main, il faut se contenter de peu. Caresser souvent et recommencer les jours suivants jusqu'à ce que le bout du nez arrive en avant et à hauteur des genoux : répéter le même travail à main gauche.

Les descentes de main latérales doivent se demander au pas et au petit trot sur des lignes droites, des lignes courbes et de deux pistes. On ne devra les exécuter au galop que lorsque les chevaux seront bien confirmés dans les deux premières allures. On peut exceptionnellement les exécuter de pied ferme avec des chevaux à encolure massive, tête lourde et mal attachée.

Les descentes de main s'exécutant correctement avec le filet et avec les deux rênes du même côté, on devra les répéter avec les rênes de bride seules.

Le redressement de la tête en arrière à gauche a pour but de changer le bipède latéral gauche et de favoriser le lever et l'extension des membres droits qui, dans le travail à main droite, doivent être les premiers engagés dans cette direction. Le placé de la tête à gauche et en arrière à droite charge le bipède latéral droit et facilite le lever et l'extension des membres gauches.

Cette instruction donnée au cheval est particulièrement applicable aux mouvements de deux pistes, départs au galop et changements de pieds.

MÉCANISME

Comme pour les descentes de main sur le plan médian, le cavalier se servira d'abord des quatre rênes. Le cheval étant placé à droite, élever les deux mains au-dessus du pommeau, en arrière à gauche pour amener la tête et la partie supérieure de l'encolure dans cette direction. Le déplacement de droite à gauche, charge l'épaule gauche, et l'action d'avant en arrière donnée aux rênes amène une partie de ce poids vers la hanche gauche.

Le déplacement de la tête à gauche et en arrière à droite s'exécute suivant les mêmes principes et par les moyens inverses.

Les mouvements par côté de la tête s'obtiennent assez facilement ; il n'en est pas toujours de même lorsqu'il s'agit de relever et de déplacer la partie supérieure de l'encolure dans la direction des bipèdes latéraux droit ou gauche. L'attache de la tête, son volume et celui de l'encolure doivent être pris en considération.

Il arrive aussi quelquefois que le cheval se fixe sur le mors, et qu'il a plutôt une tendance à plonger sur la main qu'à redresser légèrement la tête ; il ne comprend pas.

Il faut, dans ce cas, sans augmenter ni diminuer le degré de tension donné aux rênes, diviser les appuis sur l'embouchure de la manière suivante : rêne droite de filet et rêne gauche de bride agissant ensemble ; répondre aussitôt par l'action simultanée de la rêne gauche du filet et de la rêne droite de la bride.

Le cheval ne tarde pas à relâcher la mâchoire et avoir la tête légère, c'est alors qu'elle s'élève et que le cavalier lui donne l'attitude demandée.

Le poids de l'assiette, sur l'une ou l'autre fesse, doit être subordonné aux mouvements de l'encolure et concourir à la répartition du poids sur tel ou tel bipède.

L'action des jambes doit être en parfaite harmonie avec les aides supérieures pour placer et pour maintenir les hanches à la position voulue.

Comme règle, l'action combinée des rênes et des

jambes a lieu comme les allures du cheval, c'est-à-dire
en diagonale; ce qui revient à dire que tout déplacement
de la tête à gauche, par exemple, nécessite une action
plus marquée de la jambe droite que de la jambe gauche;
et vice versá.

Le mécanisme des aides étant bien connu, on devra
le mettre en pratique dans les leçons de dressage qui
suivent.

Comme préparation à ce nouveau travail, il est urgent
de bien habituer les chevaux aux différents effets du
mors de bride. C'est pourquoi nous conseillons d'exécuter
avec les quatre rênes tout le travail à l'intérieur prescrit
aux leçons en bridon, et de le répéter une seconde fois
avec les rênes de bride seules, une dans chaque main
comme les rênes de bridon.

Le dressage qui suit sera entrecoupé, tous les huit
jours, d'une promenade à l'extérieur, dans un pays acci-
denté, pour bien confirmer les chevaux dans le saut des
obstacles naturels.

1re LEÇON

Diviser les cavaliers en deux reprises s'ils sont plus de
quinze; les mettre en cercle à droite. — Assouplissements
en marchant (1re série). — Avec le filet d'abord et ensuite
avec les rênes du même côté.

Arrêter et ranger les hanches avec la jambe gauche.

Même travail à main gauche. Arrêter et ranger les
hanches avec la jambe droite. — Marcher large, repos.

Volte individuelle. — Contre-changement de main
successif; les chevaux droits. — Arrêter, le cheval bien
droit, les quatre membres dans la ligne des aplombs
naturels et la tête plutôt haute que basse. — Repartir.

— Changement de main successif (les chevaux droits).—
Repos.

Même travail à main gauche ; se remettre à main
droite. — Caresser. — Repos.

TRAVAIL AU TROT

Les cavaliers marchant au trot, assouplissements de
la première série sur la ligne droite. — Marcher au pas.
— Repos. — Reprendre le trot. — Allonger l'allure
sans excès pendant deux tours de manège au moins.
— Reprendre le trot ordinaire. — Volte individuelle.
— Marcher au pas en rentrant sur les pistes. — La
tête au mur (3 ou 4 pas). — Redresser et repartir au
trot. — Augmentation et ralentissement de l'allure. —
Doublé dans la longueur. — Changement de main indi-
viduel (les chevaux droits). — Au pas. — Repos. — Ca-
resser.

Même travail à main gauche.

Se remettre à main droite, repos.

POUR TERMINER :

Ranger les hanches à gauche et à droite. — Activer le
mouvement des hanches, dès qu'il est commencé, en se
servant de la cravache en arrière de la botte et se
porter en avant aussitôt. Arrêter et repartir. — Doubler
individuellement. — Mettre pied à terre à gauche et à
droite. Ne pas permettre aux cavaliers de jouer avec
leurs chevaux dans le but de les rendre plus dociles ou
plus familiers. Les défenses les plus opiniâtres sont
souvent dues à de petites taquineries qui, dans le prin-
cipe, provoquent certains actes de gentillesse de la part
des chevaux,

La caresse et le châtiment sont deux aides puissantes que tout bon instructeur doit s'attacher à bien faire comprendre aux cavaliers employés au dressage.

En général, la caresse doit suivre tout mouvement bien exécuté, et pendant le dressage tout acte de bonne volonté de la part du cheval.

Le châtiment devra naître et finir avec la faute commise ; plus tôt, il la provoquerait ; plus tard, le cheval ne discernerait pas l'opportunité de la correction.

Il est souvent utile, avec les jeunes chevaux, de faire quelque temps de trot aux deux mains pour calmer la gaîté ou l'énergie de quelques-uns d'entre eux qui sans cette précaution ne profitent point de la leçon qu'on leur donne, mettent le désordre dans la reprise et finissent tôt ou tard par devenir des chevaux difficiles.

2ᵉ LEÇON

Mettre les cavaliers en cercle à droite. — Assouplissements de la première série comme dans la première leçon, plus les déplacements de la tête avec les rênes de bride seules. Assouplissements de la deuxième série. — L'épaule en dehors, l'épaule en dedans. — Redresser. — Demi-pirouette à droite. — Repos. — Caresser.

Même travail à main gauche.

Se remettre à main droite par une demi-pirouette à gauche. — Marcher large. — Repos.

Sur la ligne droite, assouplissements des deux premières séries. La tête au mur (2 ou 3 pas). — Ranger les hanches avec la jambe gauche. — Demi-pirouette à gauche pour se remettre à main droite. — Descentes de main. — Arrêter. — Se porter en avant. — Changement de main successif en donnant des hanches, vers la fin du mouvement seulement. — Assouplissements de la première série sur la ligne des deux pistes. La ligne de deux pistes est celle que l'on parcourt en appuyant la tête ou la croupe au mur ou en exécutant un changement de main en tenant les hanches.

Même travail à main gauche. — Se remettre à main droite par une demi-pirouette ordinaire ou renversée. — Repos.

TRAVAIL AU TROT

Répéter exactement le travail précédent, en ayant soin de faire toujours prendre le pas pour ranger les hanches et pour exécuter les demi-tours sur le train postérieur.

POUR TERMINER

Augmentation et ralentissement de l'allure du trot sur les lignes droites, avec la bride seule. Si le cheval est lourd à la main, s'il baisse la tête ou si l'encolure sort de la ligne médiane du corps, ralentir l'allure et se servir des quatre rênes pour diviser les appuis sur l'embouchure ; reprendre le pas au besoin et revenir sur la première série des assouplissements. Ce travail se fera à volonté, l'instructeur indiquera la nuance de l'allure qui devra être ralentie, soutenue ou allongée. Les changements d'allure et les changements de main devront être fréquents, les cavaliers ayant soin de les exécuter sur des diagonales longues et de maintenir les chevaux bien droits.

L'augmentation et le ralentissement des allures, les changements d'allures, les arrêts et les départs doivent être considérés comme la base d'une bonne instruction.

Ils établissent l'harmonie entre l'arrière-main qui produit le mouvement et l'avant-main qui règle l'impulsion : de cette harmonie résultent la régularité, l'étendue et la facilité des mouvements du cheval.

La croupe au mur avant de renvoyer. Ce mouvement se demande habituellement après le passage du second coin, il est exécuté par chaque cavalier successivement.

Le cheval ayant appuyé quelques pas seulement la croupe au mur, redresser et caresser. Mettre pied à terre à gauche et à droite et renvoyer.

3e LEÇON

Les cavaliers marchant à main droite. — Individuellement la tête au mur (7 à 8 mètres). — Redresser et aussitôt la tête au mur. — Ranger les hanches avec la jambe gauche pendant le mouvement d'appuyer. — Même travail à main gauche. — Ranger les hanches avec la jambe droite pendant le mouvement d'appuyer. — Repos. — Caresser. — Marcher en cercle à droite. — Assouplissements de la troisième série (descente de main latérale à droite). — Demi-pirouette à droite pour marcher à main gauche. — Se remettre à main droite en faisant exécuter une demi-pirouette à gauche. — Marcher large. — Arrêter sur la piste des grands côtés. — Premiers principes du rassemblé expliqués par l'instructeur. — Caresser. — Marcher. — Repos.

TRAVAIL AU TROT

Faire compter par trois, les n°s 1 seront conducteurs de reprises. Doublé individuel pour les conducteurs de reprises, les n°s 2 et 3 passent exactement par les mêmes points que les conducteurs.

En arrivant à la piste opposée, les conducteurs en cercle. — Après avoir parcouru le cercle deux fois, mar_ cher large. — Volte individuelle pour les conducteurs de reprises de trois. — La tête au mur en rentrant sur les pistes (4 ou 5 mètres). — Redresser.

Doubler par trois dans la longueur ; toute la reprise étant déployée dans la longueur du manège, et la première reprise de trois étant près d'arriver à la piste des petits côtés, volte individuelle. Ce mouvement terminé, demi-volte individuelle. — La demi-volte exécutée, la dernière reprise de trois devient tête de colonne ; au moment où cette reprise arrive à l'extrémité du manège, volte individuelle et demi-volte individuelle pour revenir à main droite.

Répéter le doublé par trois dans la longueur pour remettre la reprise dans l'ordre naturel ; répéter aussi les voltes et les demi-voltes dans la longueur.

Changement de main individuel par trois. — Même travail à main gauche. — Se remettre à main droite.

Les cavaliers marchant au pas sur les grands côtés, arrêter. — Rassembler. — Caresser. — Repartir. — Repos.

Contre-changement de main successif d'abord par les numéros pairs et ensuite par les numéros impairs. — Contre-changement individuel par trois. — Les conducteurs de reprises de trois en cercle (deux tours en cercle). — Volte par les mêmes conducteurs. — La tête au mur en rentrant sur les pistes. — Redresser et doubler dans la longueur. — Demi-voltes successives en sens inverse.

Même travail à main gauche. — Se remettre à main droite. — Arrêter. — Rassembler. — Repartir. — Repos.

Augmentation et ralentissement de l'allure du trot (descentes de main à volonté). — Passer du trot au pas. — Repartir au trot. — Passer du trot à l'arrêt. — De pied ferme partir au trot. — Arrêter. — Ranger les hanches à droite et à gauche. — Demi-volte successive et renversée. — Même travail à main gauche.

POUR TERMINER

Les cavaliers marchant à main droite faire doubler les distances. — Arrêter. — Ranger les hanches avec la jambe gauche, au moment où les hanches se jettent en dedans, ajouter à l'action de la jambe gauche le pincé délicat mais franc de l'éperon gauche. — Porter en avant aussitôt. — Faire une descente de main et caresser. Après un tour de manège au moins, ranger les hanches de la même manière avec la jambe droite.

Employé de cette manière, l'éperon a pour but de rendre le cheval plus franc et plus fin à l'action des jambes. Il est important de ne pas laisser l'éperon dans le poil, mais bien de le retirer aussitôt, sauf à renouveler son emploi d'une manière plus énergique si le cheval y répond mollement ou s'il ne porte pas franchement en avant après le mouvement des hanches.

Dans le cas où le cheval résiste à la jambe ou à l'éperon, il faut revenir à l'emploi de la cravache en arrière de la botte. L'emploi de l'éperon sera toujours calculé en raison du tempérament du cheval. On devra en être très sobre surtout avec les juments et les chevaux irritables ou nerveux, et ne pas craindre d'en user avec ceux d'un tempérament mou et lymphatique.

4ᵉ LEÇON

Assouplissement des deux premières séries sur les trois lignes convenues aux deux mains, au pas et au trot..

Passer du trot au pas, du pas à l'arrêt. — Reculer (2 ou 3 pas). — Départ au trot pendant le mouvement du reculer. — Passer du trot à l'arrêt. — De pied ferme partir au trot. — Arrêter. — Reculer. — Se porter en avant au pas. — Ranger les hanches avec la jambe gauche.

Même travail à main gauche.

Aux deux mains, augmentation et ralentissement de l'allure du trot au pas. — Descentes de mains latérales et sur le plan médian à volonté. — Marcher à main droite au pas. — Repos. — Caresser.

TRAVAIL AU TROT

Volte individuelle. — Marcher au pas en rentrant sur les pistes. — Arrêter. — Rassembler sur la rêne gauche : on rassemble sur la rêne gauche, c'est-à-dire la tête à gauche, pour tout travail à main gauche et pour le départ au galop à gauche. On rassemble sur la rêne droite, c'est-à-dire la tête à droite, pour le travail à main droite et pour le départ au galop à droite. On rassemble sur les deux rênes, c'est-à-dire la tête droite, pour tout le travail sur les lignes droites. au pas ou au trot. Pour rassembler sur la rêne gauche, agir diagonalement sur la rêne gauche du filet pour déplacer la tête de côté, et d'avant en arrière sur les rênes de bride pour fixer la tête dans cette position. Dans ces différents mouvements il reste entendu que les jambes doivent conserver avec les aides supérieures l'accord et la solidarité dont nous avons parlé plus haut. Mécanisme inverse pour rassembler sur la rêne droite. Dans le rassemblé ordinaire, la tête doit rester sur la ligne médiane du corps.

Redressement de la tête en arrière à droite. — Marcher au pas. — Départ au trot. — Mêmes mouvements sur la grande piste opposée. La croupe au mur (2 ou 3 pas). — Redresser. — Demi-volte individuelle. Même travail à main gauche. — Se remettre à main droite. — Repos. — En cercle à droite. — Au trot. — Au pas. — Arrêter. — Départ au trot. — Au pas. — Rassembler sur la rêne droite. — L'épaule en dehors. — Redresser. — Marcher au trot. — Au pas. — Arrêter. — Départ au trot. — Au pas. — Rassembler sur la rêne gauche. — L'épaule en dedans. — Redresser. — Marcher large la tête au mur. Conducteur ayant appuyé pendant sept à huit mètres, successivement la croupe au mur, quatre ou cinq mètres seulement et redresser. — Repos.

Départ au trot. — Individuellement en cercle. — Après un ou deux tours au pas, demi-pirouette à droite. — Départ au trot. — Marcher au pas. — Demi-pirouette à gauche. — Marcher large au trot. — Doubler par trois dans la longueur. — Répéter les voltes et les demi-voltes prescrites dans la troisième leçon.

Demi-volte individuelle au trot, qu'on devra exécuter de la manière suivante : Prendre le pas sur la ligne du milieu, départ au trot sur la diagonale. — Marcher au pas en rentrant sur les pistes. — Repos. — Même travail à main gauche.

POUR TERMINER

Mettre les cavaliers en cercle à droite et faire doubler les distances. — Marcher au trot. — Partir au galop à droite. — Descente de main latérale à droite. — Reprendre le trot et le pas. — Repos. — Caresser ; répéter les mêmes mouvements. — Marcher large au galop. — Descente de main latérale à droite à volonté. Après deux tours de manège au moins, répéter le trot et le pas. — Même travail à main gauche. — Repos.

Pour faire le départ au galop à droite sur la diagonale, mettre les cavaliers en cercle à droite à l'extrémité du manège ; à l'indication de l'instructeur, chaque cavalier successivement quitte le cercle au petit trot, change de main, exécute le départ au galop sur la diagonale. Prendre le trot, le pas, et arrêter sur la piste opposée ; caresser. Le premier cavalier se porte en avant au pas, et après le passage du second coin se met en cercle à gauche, à l'extrémité opposée du manège. Même travail à main gauche.

5e LEÇON

Les cavaliers marchant à main droite, individuellement la tête au mur. — Volte individuelle l'épaule en dehors. — La croupe au mur en rentrant sur les pistes. — Volte individuelle l'épaule en dedans. — Redresser sur la piste. — Arrêter. — Rassembler la tête à gauche et à droite successivement. — Forcer l'action des aides pendant le rassemblé, diviser les appuis sur l'embouchure, et agir alternativement des jambes par petites vibrations répétées, de manière à obtenir la mobilité du train postérieur. On divise les appuis en agissant tantôt sur la rêne droite et tantôt sur la rêne gauche ; il est préférable, les premières fois, d'agir avec les deux rênes du même côté pour empêcher l'abaissement de la tête de l'encolure.

Lorsque la tête est attirée à gauche, la jambe droite

doit être plus sentie que la gauche ; c'est l'inverse quand la tête est déplacée à droite. Les déplacements de tête à gauche et à droite ne sont réellement bien faits qu'autant que la mâchoire est mobile, la tête verticale et plutôt haute que basse.

Le plus léger bercement d'une hanche sur l'autre sans avancer et surtout sans reculer doit être suivi d'une descente de main. — Se porter en avant et caresser.

Le cheval qui se porte en avant pendant l'exécution de ce mouvement ne commet pas une grande faute ; celui qui recule se met sur la voie d'une défense qui peut devenir très sérieuse ; aussi, faut-il s'empresser de porter vigoureusement en avant le cheval qui recule ou qui a une tendance à vouloir reculer. Ne pas craindre de suspendre ce travail momentanément pour tous les chevaux qui s'impatientent ; répéter alors les arrêts simples et caresser beaucoup.

Demi-volte individuelle et renversée.

Même travail à main gauche.

Même mouvement pour revenir à main droite. — Repos. — Caresser.

TRAVAIL AU TROT

Augmentation et ralentissement de l'allure. — Volte individuelle. — Rentrer sur la piste au pas. — Rassembler sur la rêne gauche et redressement de la tête en arrière à droite. — Marcher au trot. — Contre-changement de main individuel par trois. — Doubler dans la longueur. — Contre-changement de main successif et dans l'ordre inverse. — Volte individuelle. — Rassembler sur la rêne gauche et sur la rêne droite. — Marcher au pas sur la piste opposée. — Départ au trot. — Volte individuelle et rassembler sur la rêne droite pendant le mouvement. — La tête au mur en rentrant sur la piste.

— Redresser. — Marcher au pas. — Demi-volte indivi-
duelle et renversée.

Même travail à main gauche.

Demi-volte individuelle et renversée pour revenir à
main droite.

TRAVAIL AU GALOP

1re SÉRIE

Mettre les cavaliers en cercle à droite. — Partir au
trot. — Départ au galop (insister beaucoup sur la posi-
tion préparatoire, c'est-à-dire la tête à droite et en arrière
à gauche). — Après deux tours de cercle au moins,
reprendre le trot et le pas. — Caresser et recommencer
les mêmes mouvements. — Marcher large au galop.
Après deux tours de manège au moins, faire reprendre
le trot et le pas. — Caresser. — Repos. (Faire de fré-
quentes descentes de main pendant l'allure du galop.) —
Reprendre le trot. — Individuellement en cercle. — Ras-
sembler sur la rêne droite. — Départ au galop et marcher
large aussitôt. — Après un tour de manège, reprendre
le trot et le pas. — Repos. — Caresser beaucoup. —
Arrêter. — Reculer. — Marcher au trot.

Départ au galop sur la diagonale. — Reprendre le trot
et le pas à l'extrémité de changement de main. — Dé-
part au galop sur les grands côtés. — Après un tour de
manège reprendre le trot et le pas. Faire doubler les
distances.

Même travail à main gauche.

2e SÉRIE

Répéter exactement tout ce qui vient d'être prescrit
dans la première série, en supprimant l'allure au trot.

La croupe au mur. — Voltes individuelles. — L'épaule
en dedans, en dehors. — Arrêter. — Reculer. — Repartir.
— Arrêter. — Rassembler sur la rêne gauche. — Mar-
cher. — Arrêter. — Rassembler sur la rêne droite. —
Rassembler sur les deux rênes et mettre pied à terre.

6ᵉ LEÇON

Travail individuel aux deux mains au pas et au trot.
Pour éviter le désordre et les accidents qui pourraient en
résulter, les cavaliers ne devront changer de main ni
d'allure qu'à l'indication de l'instructeur.

Ce travail individuel est de la plus grande importance,
d'abord parce qu'il rompt la monotonie du travail
d'ensemble, et ensuite parce qu'il permet à l'instructeur
de revenir sur certaines questions de détail, mal com-
prises ou mal exécutées, en prenant chaque cavalier en
particulier.

Il est bien difficile pour ne pas dire impossible, de voir
arriver au même résultat, à un jour donné, tous les che-
vaux d'une même remonte. Deux raisons majeures s'y
opposent : 1° le goût, l'intelligence et le savoir si variables
des cavaliers employés au dressage ; en un mot, ce je ne
sais quoi qui fait l'homme de cheval et que l'instructeur
ne peut faire toucher du bout du doigt ; 2° l'aptitude
également variable des chevaux à dresser, laquelle
reconnaît pour causes la conformation, la taille, l'état de
santé, le tempérament irritable des uns et l'extrême
mollesse des autres.

Ces idées générales bien comprises, l'instructeur devra

profiter du travail individuel pour donner les conseils qu'il croit nécessaires aux cavaliers les moins intelligents, et redoubler de précautions pour les chevaux en retard, quelle qu'en soit la cause.

TRAVAIL AU GALOP

3ᵉ SÉRIE

Réunir les cavaliers en reprise. — Reprise. — Marcher en cercle à droite. — Doubler les distances. — Départ au galop à droite (un tour de cercle). — Au pas. — Départ à gauche (un tour complet). — Au pas.

Faire quatre départs sur l'un et l'autre pied. — Marcher large à main droite au pas. — Départ à gauche (parcourir quinze mètres au moins). — Marcher au pas. — Départ à droite (parcourir la même distance). — Faire quatre départs sur l'un et l'autre pied. — Marcher au pas la tête au mur (4 ou 5 mètres). — La croupe au mur (même distance). Répéter ces deux derniers mouvements sur la grande piste opposée. — Arrêter. — Reculer (2 ou 3 pas). — Se porter en avant. — Arrêter. — Se porter en avant. — Arrêter. — Rassembler sur la rêne droite. — Reculer. — Marcher. — Arrêter. — Rassembler sur les deux rênes. — Demi-pirouette individuelle pour changer de main.

Même travail à main gauche. — Repos.

Départ au galop à droite sur le cercle à grandes distances. — Marcher large. — Descentes de main. — Augmenter progressivement l'allure (la vitesse du galop de chasse, galop soutenu ou galop gaillard). — Redressement de la tête sur un plan médian et ralentissement de l'allure (un tour de manège pour l'augmentation et autant pour le ralentissement de l'allure). — Marcher au pas. — Repos. — Caresser. — Répéter les mêmes mouvements. — Demi-pirouette pour changer de main. — Même travail à main gauche. — Demi-pirouette pour revenir à main droite. — Repos.

POUR TERMINER

Augmenter et ralentir l'allure du trot (descentes de main sur le plan médian à volonté). — Passer du grand trot au pas. — Reprendre le trot allongé. — Arrêter. — De pied ferme prendre le trot ordinaire. — Arrêter. — Reculer. — Se porter en avant au pas. — Redressement de la tête en arrière à gauche, en arrière à droite et sur le plan médian. — Tête et croupe au mur. — Pied à terre.

7ᵉ LEÇON

Quelque temps de trot aux deux mains. — Marcher à main droite au pas. — Repos. — Contre-changement de main successif. — Contre-changement individuel par trois. — La tête au mur. — Volte individuelle l'épaule en dehors. — La croupe au mur en rentrant sur la piste. — Redresser. — Rassembler sur la rêne de droite et sur la rêne de gauche en marchant. — Arrêter et rassembler sur les deux rênes. — Marcher. — Changement de main individuel par trois.

Même travail à main gauche. — Demi-pirouette individuelle pour revenir à main droite.

TRAVAIL AU TROT

Au choix de l'instructeur, les mouvements prescrits dans le travail au trot des 3ᵉ et 5ᵉ leçons. Entrecouper fréquemment l'allure du trot de deux ou trois temps de pas pour rassembler sur l'une et l'autre rêne. Terminer le travail par des arrêts et des départs au trot sur les lignes droites, courbes et de deux pistes. Ce travail ayant été exécuté aux deux mains, marcher au pas à main droite et commander repos.

TRAVAIL AU GALOP

4ᵉ SÉRIE

Les cavaliers marchant en cercle à droite ; départ à droite, quatre ou cinq temps de galop seulement. — Marcher au pas le temps nécessaire pour préparer le cheval pour un nouveau départ à droite. — Exécuter cinq ou six départs et autant de changements d'allure sur le cercle. — Marcher large au trot. — Volte individuelle. — Marcher au pas en rentrant sur la piste et de suite nouveau départ à droite. — Quatre ou cinq temps de galop à droite. — Après avoir exécuté cinq ou six départs et autant de changements d'allure sur la ligne droite, marcher au pas et mettre les cavaliers en cercle à l'extrémité du manège.

A l'indication de l'instructeur, les trois premiers cavaliers marchent large et changent de main individuellement.

Départ au galop à droite et changement d'allure sur la ligne de deux-pistes ; faire au moins trois départs sur la diagonale.

Toute la reprise ayant changé de main successivement par trois, commander repos et faire exécuter des descentes de main à volonté.

Même travail sur le pied gauche.

POUR TERMINER

Travail à volonté au pas.

8ᵉ LEÇON

Travail individuel au pas et au trot. aux deux mains. L'instructeur indique toujours les changements d'allure et changements de main.

TRAVAIL AU GALOP

5ᵉ SÉRIE

Répéter les mouvements indiqués dans la série précédente sur les lignes courbes et droites, avec cette dif férence que le changement d'allure sera. utilisé pour partir tantôt sur le pied droit tantôt sur le pied gauche; les voltes seront toujours parcourues sur le pied de dedans.

Pour exécuter ce travail sur la ligne de deux pistes, former les cavaliers en cercle à l'extrémité du manège.

A l'indication de l'instructeur, les trois premiers cavaliers marchent large, changent de main individuellement et prennent le galop à droite sur la diagonale; en arrivant en ligne au milieu du manège, ils prennent le pas et de suite le galop à gauche pour revenir à main droite. Marcher au pas sur la piste. — Arrêter. — Reculer deux ou trois pas. — Se porter en avant et caresser.

POUR TERMINER

Travail à volonté au pas.

9ᵉ LEÇON

Travail à volonté au pas et au trot aux deux mains.

TRAVAIL AU GALOP

Exécuter le travail au galop (4ᵉ série) de la septième leçon, en faisant un arrêt à la place du changement d'allure. — Départ à droite. — Arrêter. — Partir de pied ferme au galop à droite, etc.

10ᵉ LEÇON

Travail au pas et au trot à volonté.

TRAVAIL AU GALOP

Exécuter le travail au galop (5ᵉ série) de la 8ᵉ leçon en faisant un arrêt au lieu du changement d'allure entre chaque départ.

Comme on voit, tout le travail des quatre dernières leçons a pour but de façonner l'allure du galop sur l'un et l'autre pied et de préparer le cheval à l'exécution facile des changements de pied.

Si l'instructeur suit exactement la progression que nous venons d'indiquer, il n'est pas douteux que le jour où il demandera des changements de pied à ses chevaux il n'obtienne une parfaite satisfaction. Le changement de pied est la conséquence du travail gymnastique qui précède, ou ce travail a été mal compris ou mal fait.

Il est bien entendu que pendant tout le cours de ce dressage, l'explication du mécanisme des aides doit précéder l'exécution des mouvements. L'explication du changement de pied est surtout très importante à bien faire comprendre aux cavaliers. Livrés à eux-mêmes nous savons quelle brutalité ils mettent dans l'emploi des aides pour obtenir, par un renversement, un mouvement qui produirait souvent la chute, si instinctivement le cheval ne changeait pas de pied.

Le changement de pied n'est autre chose qu'un départ au galop le cheval marchand au galop.

Ce principe une fois admis, il suffira de donner une explication claire du mécanisme des aides dans le départ au galop pour en déduire celle du changement de pied.

DÉPART AU GALOP A GAUCHE

MÉCANISME

Que le cheval soit de pied ferme, ou en marche :

Porter la main à droite et en arrière, se grandir en fixant le poids de l'assiette sur la fesse droite, fermer les jambes plus ou moins, suivant la sensibilité du cheval, en faisant primer l'action de la jambe droite et le galop à gauche est produit (le mécanisme inverse donnera le galop à droite).

La main à droite déplace l'encolure de ce côté, charge l'épaule droite, dégage l'épaule gauche, et son action d'avant en arrière dans la direction du jarret droit, favorise l'enlevé de l'avant-main. Cette attitude donnée au cheval répond en quelque sorte à celle prise par le cavalier à pied qui, pour partir du pied gauche, fixe préalablement le poids du corps sur la jambe droite.

CHANGEMENT DE PIED

DE DROITE A GAUCHE

Nous supposerons le cheval galopant sur le pied droit et nous lui demanderons le départ au galop à gauche tel qu'il vient d'être indiqué plus haut.

Les mêmes actions ne pouvant produire que les mêmes effets, le changement de pied est la conséquence inévitable de cette manière de faire.

C'est à la faveur de l'appui sur la jambe droite de devant que peut s'opérer le changement de combinaisons des extrémités : c'est donc au moment précis où le pied droit antérieur arrive à terre qu'il convient d'agir pour le départ au galop à gauche, qui prend ici le nom de changement de pied, ou départ au galop, le cheval marchant au galop. (Mêmes principes et moyens inverses pour changer de pied de gauche à droite.)

A partir de ce moment, l'instructeur devra, pour confirmer les chevaux dans les changements de pied, exécuter le travail au galop indiqué dans les reprises de dressage qui précèdent en commençant par la troisième leçon.

Les mouvements de l'épaule en dedans et en dehors sur les voltes, qui sont très propres à l'instruction de détail au pas et au trot, deviennent fort difficiles quand on doit les exécuter au galop; on devra donc les supprimer pour les chevaux de troupe.

Les détails dans lesquels nous sommes entrés dans les progressions des leçons qui précèdent, pourront paraître quelque peu prolixes ou oiseux, mais nous avons eu un double but en agissant ainsi. Outre que la décomposition méthodique de certains mouvements importants était nécessaire pour arriver, par une transition pour ainsi dire insensible, à leur parfaite exécution (départs au galop, changement de pied, etc.), nous avons en vue encore de fournir aux instructeurs le programme d'un travail varié et de rompre ainsi la monotonie de séances consacrées par certains d'entre eux presqu'à leur insu, à la répétition fastidieuse de mouvements toujours semblables ou exécutés à la même main.

Il reste bien entendu qu'ici encore il est laissé à l'intelligence de celui qui dirige ces travaux, d'insister ou de glisser légèrement sur ces diverses leçons, en raison de l'aptitude et des progrès plus ou moins rapides des chevaux qui lui sont confiés.

FIN

ANGERS. IMPRIMERIE LACHÈSE ET DOLBEAU.

www.ingramcontent.com/pod-product-compliance
Ingram Content Group UK Ltd.
Pitfield, Milton Keynes, MK11 3LW, UK
UKHW021440090726
13657UKWH00003B/1161